현장맞춤형 식품산업 품질관리

김 수 민

대구한의대학교출판부

머 리 말

공업적 식품생산이 대량생산 체제로 되어 감에 따라 종래의 회분식 제조 공업의 형태에서 연속적 자동생산 형태로 변환되어 가며 계속적으로 만들어져 나오는 제품의 품질을 정확하게 통제할 수 있는 기술에 대한 요구가 점차 증가되고 있다. 이러한 시대적 요구에 부응하여 최근 일부대학이나 전문대학의 식품학과에서 품질관리론을 개설하고 있으나, 산업공학이나 공업경영학에서 다루는 일반 공업 품질관리 이론에만 치중된 강의를 하고 있는 실정이다. 식품은 인간의 기호에 맞추어 섭취되는 식품 특유의 품질 특성을 가지고 있으므로 기계의 볼트나 라디오의 부품에 대한 품질관리와는 다른 특수성을 가지게 된다. 또한 식품공업분야에서 품질관리 기술은 제품의 품질유지 뿐만 아니라 새로운 제품개발을 위한 궁극적인 평가방법으로 사용되고 있는 것이다. 그러므로 식품학 분야에서 식품의 품질요소에 관한 깊은 이해와 이들을 정량적으로 규명하기 위한 시험 설계 및 결과분석 기술은 대단히 필요한 것이다.

이 책에서는 가공식품 현장에서 일어날 수 있는 모든 요인들을 통계적으로 관리할 수 있는 방법을 중점적으로 다루었다. 그리고 이들 측정 자료들을 통계적 방법에 의하여 평가하는 방법들을 소개하였으며, 아울러 최근의 KS표시허가와 관련된 식품관계법규의 해설을 실었다. 특히, 품질관리 기술을 이용한 회사의 성공사례를 제시함으로서 실제 식품회사가 KS표시나 ISO품질획득에 도움이 되고자 하였다. 이 책을 통하여 생산현장에서 사용되고 있는 기존방법들을 개선 발전시키는데 용이하도록 하였다.

식품공업을 위한 현장맞춤형 품질관리에 관한 교재로 지금까지 거의 언급되지 않았던 부분을 제시하였으므로 여러 가지 부족한 점이 많으며 이 분야에 종사하는 저자는 식품공업의 공정관리, 품질관리 등의 일에 다년간 종사하면서 많은 시행착오를 경험한 바 있다. 이중에서 저자 자신이 한 것도 있고, 동료 또는 현장에서 얻은 경험과 자료도 포함되어 있다. 여러분들의 많은 의견과 충고를 기대하는 바이다. 끝으로 이 책의 출판에 여러 면으로 협조하여 주신 대구한의대학교 출판사와 박유나 조교에게 감사드린다.

2015. 1.

저자 씀

현장맞춤형 식품산업 품질관리

제1장

가공식품의 품질관리

제 1 절 품질관리

1. 품질관리의 정의

생산기업을 중심으로 최대의 관심사라고 한다면 "좋은 상품을 될 수 있는 한 값이 싸고 능률적이며, 그리고, 납기에 맞도록 만들기 위하여는 어떻게 하면 좋을까"하는 문제이다.

품질관리(quality control)라 함은 이 문제를 해결하기 위한 수단을 모두 생각하여 이를 실행하는 것이다. 좋은 품질의 상품이라 함은 수요자의 요구에 적합한 상품 즉, 손님에게 만족을 주는 상품일 것이다. 따라서, 양질의 상품을 제조하기 위하여는 먼저 수요자측의 요구를 충분히 조사하여 파악하는 것이 제1조건이다. 그러나, 아무리 좋은 품질의 상품을 제조하여도 cost up(가격상승)되어서는 의미가 없다. 품질관리는 단순하게 품질면만 볼게 아니라 생산성의 향상에도 크게 기여하여 기업발전에 연결되어야 한다. (KSA-3001)에 의하면 "**품질관리**라 함은 **수요자의 요구에 맞는 품질의 제품을 경제적으로 만들기 위한 수단의 체계**"로서 근대적인 품질관리는 통계적인 수법을 사용하는 것으로서 통계적 품질관리라고 말하는 것이다. 품질관리를 효과적으로 실시하기 위하여 기업 전체의 협력이 필요한 것으로서 이러한 품질관리를 전사적 품질관리로 정의되고 있다.

품질관리, 열쇠는 이것이다. (17가지 열쇠)

1) 사장(혹은 제 2의 실력자)이 하려고 하는 마음이 되어 있지 않으면 TQC를 도입하지 말아야 한다. 제 3의 실력자로서는 소용이 없다.
2) 리더쉽이 없는 사장이 경영하는 회사는 TQC를 도입하지 말아야 한다.
3) "TQC를 하여라"라고 하면서 사장은 방관해서는 안된다.
4) 추상적인 "사상혁명, 체질개선"을 간판으로 내세워서는 안된다.
5) TQC에 대한 열의만은 사장을 비롯한 모든 관리자가 부하에게 져서는 안된다.
6) TOP 및 부·과장은 QC지도회에 빠져서는 안된다.
7) TOP 경영자 및 부·과장은 「잘못」의 발표를 듣고 꾸짖어서는 안된다.
8) 종교적신념으로 TQC에 대한 기대를 갖는 사장이 아니면 도입하지 말아야 한다.
9) 반(反)QC파를 설득 못하는 사장은 도입하지 말아야 한다.
10) QC대상 또는 데밍(W.E DEMING)상을 겨누지 않고 TQC추진이 가능하다고

생각하지 말아야 한다. 「저 언덕을 탈환하라」 라는 의지가 아니면 언덕은 탈환되지 않는다.

11) 품질제일·신제품 개발에 최중점을 두는 사장이 아니면 TQC를 도입하지 말아야 한다.
12) 눈 앞의 효과를 성급히 쫓는 TOP경영자는 TQC를 도입하지 말아야 한다.
13) QC써클(분임조)의 활성화야말로 TOP경영자 및 부·과장의 책임이라는 것을 잊어서는 안된다.
14) 솔직함이 없는 사장은 TQC를 도입하지 말아야 한다.
15) 경영 이념을 세우는 것도 QC라는 것을 잊어서는 안된다. TQC는 경영 철학의 하나!
16) TQC를 도입한 사장은 QC대상 및 DEMING상 수상 후 3년간은 교체해서는 안된다.
17) 부·과장은 QC지적 사항에 대하여 구두로 연락하지 말아야 한다. 스스로 문서로 지시하고 실시결과는 부·과장 자신의 눈으로 확인하여야 한다.

QC의 기본적인 사고방식

1) 전원 참가에 의한 경영
2) 품질우위의 이익확보
3) PDCA의 사이클
4) 방침의 책정과 전개
5) 층별
6) 중점지향
7) 사실에 의한 관리
8) 프로세스 콘트롤(Process Control)
9) 소비자 지향
10) 다음공정은 고객
11) 표준화
12) 산포관리
13) 통계적 수법(과학적 관리 기법)의 활용
14) 문제해결의 순서
15) 원류 관리(상류관리)

16) 인간성의 존중
17) 재발방지
18) 기능별 관리

2. 관리의 cycle

제품을 제조하기 위하여는 기본적으로 다음의 4가지 요인이 생각된다.

① **원 재 료** (material)
② **기계설비** (machine)
③ **제조방법** (method)
④ **작 업 자** (man)

이러한 요인은 항상 일정하게 기능하는 것은 아니고 약간의 변동을 보이며, 이 때문에 최종제품의 품질에는 어느 정도의 산포가 생긴다. **품질관리의 목적**은 이 **품질산포를 될수록 작게 하여, 목적으로 하는 제품을 만들어 내는 것**이다. 그러기 위해서는 다음의 순서를 되풀이하여 실행하는 것이 필요하다.

1) 계획(plan)

품질목표를 결정한다. 어떻게 해서 만들까? 작업표준을 결정한다.

2) 실시(do)

작업표준과 같이 작업을 해간다.

3) 검토(check)

표준과 같이 작업이 실행되어지는 가를 조사한다(원인의 체크). 계획과 같이 제품이 만들어 지는가를 조사한다(결과의 체크).

4) 조치(action)

조사한 결과 계획과 같이 작업이 진행되지 않을 때는 조치를 취한다. 이 순서를 그림 1처럼 되풀이하여 실행하는 것을 관리라고 말하는 것이며. 이것을 관리의 싸이클이라 부른다.

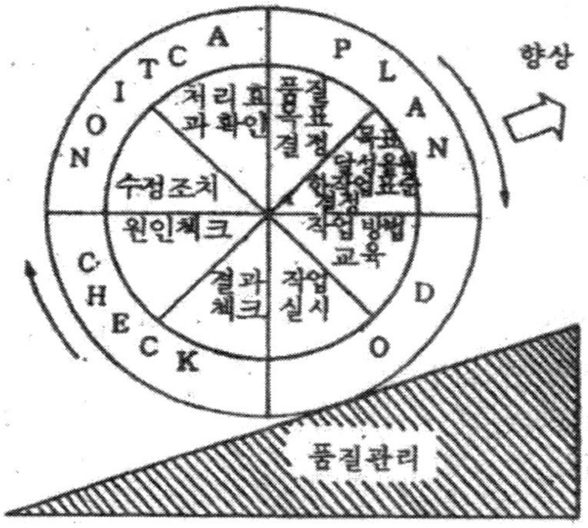

그림1. 관리의 싸이클

제 2 절 식품공업에 있어서 품질관리의 문제점

전후 일본에 품질관리가 도입된 이래 전기, 기계산업 등을 중심으로 대단한 발달을 이루었다.

지금은 품질과 동시에 생산성 향상을 위한 가장 유효한 수단으로서 주목을 받고 있다. 그러나, 식품공업에 있어서 품질관리의 현황을 보면 다른 공업에 비하여 전반적으로 약간 지연되는 느낌이 있다. 그 이유는 식품공업 특유의 사정이 있다고 생각되는데 먼저 그 주변의 문제점부터 생각하여 보자.

1. 식품의 원료

식품의 원료는 거의가 천연산품으로 품종, 산지, 재배법, 기후, 계절 등의 요인에 따라서 성분, 물성, 형성, 선도 등의 품질과 함께 가격 생산량 등의 경제적 조건까지 변동이 크고 또, 그것 자체가 부패, 변패가 쉬운 것이 많고 이것 외에도 원료의 형태가

[1] 생선품
[2] 냉동품
[3] 건조품

④ **염장품**
⑤ **가공제품**에 따라 상당히 다르다.

더구나 이러한 원료품질의 변동이 제품 품질에 직접 영향을 미치기 때문에 공장에서 수입되는 원료의 표준화가 중요한 키포인트가 되고 있다.

2. 공정의 관리

식품공업에 있어서 식생활, 기호의 다양화에 부응하기 위해서 동일공장 내에서도 다품종 소량생산의 형태를 이루는 경우가 많다. 또, 원재료의 품질변동에 대하여 배합비율, 가공조건 등의 공정조절에 의하여 대응하여야 하며, 더구나 이러한 조절은 종래부터 경험이나 추측에 의하여 실행되어지는 일이 많았다. 이러한 점이 품질관리의 주류를 이루고 있기 때문에 작업의 표준화를 곤란하게 하고 있다.

3. 식품의 안정성

소비자에게 제공되는 식품은 절대로 위생적이고 안전한 것이어야 한다. 이것은 공업제품과는 달라서 식품의 특성이라고 할 수 있지만, 이 때문에 식품공장에 있어서 품질관리시스템은 원재료의 수입부터 시작하여 제조공정, 검사 다시 유통단계를 거쳐 최종소비자에 의하여 제품이 소비되기까지를 유통토탈 시스템(total system)으로서 생각될 수 있다. 또, 소비자로 부터의 크레임 내용으로 항상 상위를 점하는 이물 혼입의 대책도 식품공업에 있어서는 위생적인 관점뿐만 아니라 식품기업의 신뢰성을 손상시키지 않기 위하여도 중요한 문제이다. 위생문제와 함께 토탈 시스템으로 품질관리를 철저히 하여 이물 혼입이 절대 없도록 하여야 한다.

4. 식품의 품질측정

품질관리를 실시하고 있는 이상 항상 원료의 품질을 시작으로 중간제품, 최종제품의 품질을 정확하게 파악하여 두는 것이 기본이 된다. 식품은 인간의 입을 통하여 체내로 들어가는 것을 말하며 소비형태가 어떠하던지 식품의 기본적 품질로서는 안전성, 영양성이 확보되어야 하는 것은 당연지사일 뿐더러 그 위에 기호성이 중요한 품질요소로 된다. 따라서, 식품의 품질을 측정하기 위해서는 식품의 성분 등을 확인하기 위한 이

화학적 검사나 안전성을 체크하기 위한 세균검사와 동시에 맛, 냄새 등의 기호성 측정을 위해서는 설비, 경비, 시간, 기술을 요하고 있다. 특히, 식품의 관능검사로는 인간의 오관을 이용하는 것으로 어느 정도의 숙련은 필요하지만 특별하게 설비 등도 필요하지 아니하고 경비도 적게 들며 바로 판정을 할 수 있기 때문에 식품공장에 있어서는 더욱 이 관능검사가 중요시 되고 있다.

그러나, **관능검사를 실시함에 있어서는**

1 인간에게는 기호의 차이나 판정능력의 차이가 있고(개인 간 차이)

2 개인의 판정에도 측정환경, 시기 등의 차이에 의하여 변동이 있으며(개인 간 오차)

3 관능적인 평가의 수치화가 곤란하다는 등의 문제점이 있어서 품질관리를 위한 수법으로 사용하기 위해서는 판정인(pannel)의 교육, 검사수법의 선택, 측정환경의 정비등 관능검사 실시 상의 관리가 필요하다.

제 3 절 품질관리의 실제

1. 표준화

항상 안전하고 양질의 식품을 제조하는 데는 어떠한 원료를 사용하는 것이 좋은가? 제조공정은 어떠한 방식을 취하고 어떻게 관리할까? 완전히 완성된 상품은 어떻게 보관할까? 어떠한 방식으로 수송하여야 좋은가? 등등 원료수입부터 시작하여 모든 기업활동에 대하여 참고 할 수 있는 기준이 명확해 지거나 또한, 이러한 기준에 따라서 업무가 집행되도록 체제를 확립할 필요가 있다. 이와 같은 체제의 확립을 표준화라 한다. 즉, **표준화는 작업과 조직을 통하여 정확하고 효율적으로 수행하는데 필요한 표준류를 만들고 이러한 표준류에 따라서 작업을 실시하도록 하는 것**이다. 이렇게 하여야 안정된 양질의 식품을 제조할 수가 있다. 표준화에는 "품질의 표준화"와 "작업의 표준화"의 2가지 면이 있다. "품질의 표준화"는 만든 상품의 품질과 만드는데 필요한 부품에 대하여 정하는 것으로 제품, 원재료 등의 방법이나 형식을 결정하는 것이며 "작업의 표준화"는 작업방법에 대하여 정하는 것이다.

표준류에는 일반적으로 다음과 같은 것이 있다.

- 품질표준
  - 제품규격
  - 원료규격
  - 포장재규격
  - 검사기준
- 작업표준
  - 기술표준
  - 작업표준
  - 위생관리기준
  - 설비관리기준

이러한 표준류의 가운데 현장에서 가장 중요한 것은 작업표준이고 다음과 같은 목적으로 작성된다.

1. 올바른 작업방법을 결정한다.
2. 누가 작업을 하여도 같은 작업이 가능하도록 작업방법을 일정하게 한다.
3. 작업이 원활하게 진행되도록 작업의 분담을 명확하게 한다.
4. 신속히 빠르고 올바르게 작업을 습득할 수 있도록 한다.
5. 기술을 확보하여 기업의 재산으로서 축적한다.
6. 작업내용을 명확하게 하여 기술진척을 위한 수단으로 삼는다.

2. 공정개선

품질관리의 목적은 같은 품질의 제품을 되도록 작은 산포의 폭으로 제조하는 것이라 하지만 공정을 어떻게 안정시키느냐가 기본적인 문제가 된다. 식품제조 공정에 있어서 관능적인 관리요인이 많고 또 눈에 보이지 않는 미생물 오염의 예방등 타 공산품과는 다른 어려움이 많으므로 그만큼 공정의 안정을 위해서는 일상적으로 공정개선의 노력이 필요하다.

일반적으로 공정은

1. **원 재 료** (material)　　2. **기계설비** (machine)
3. **제조방법** (method)　　4. **작 업 자** (man)

의 4M으로 구성되며 이 4가지 조건의 산포가 제품의 품질에 산포를 주게 된다. 따라서, 공정을 안정시키기 위해서는 크게 분류하여 상기의 4M산포를 최소화하는 대책을 강구하는 것에 의하여 공정은 개선된다. 공정의 개선을 진행시키는 것은 다음의 순으로 진행시키면 효과가 크다.

1 문제점을 찾는다.

개선은 문제를 발견하는 것으로부터 시작된다. 책임자를 위시하여 작업자 한사람 한사람이 평상시에 강한 문제의식을 갖고 작업을 하는 것이 중요하다. 작업중 염려되는 공정변화에 유의하여 이것을 문제로 하여 개선에 결부시키지 않으면 안된다.

2 문제의 실상을 잘 조사한다.

확실한 개선책을 세우기 위해서는 데이터에 근거하여 철저하게 현상을 분석하는 것이다. 이 현상분석에 의하여 문제의 내용을 확실히 한다면 벌써 취해야 하는 개선책의 태반은 명확하게 된 것과도 같다.

3 문제점에 영향을 주는 요인을 도출한다.

이를 위해서는 특성요인도를 최대한으로 활용하도록 한다. 이곳에는 전문기술에 근거한 지식이 필요하며 직장의 경험을 살리도록 가능하면 많은 관계자의 참가를 요구하며 평상시 등한시한 요인까지 철저히 발굴하기 위해서이다.

4 특성과 요인 사이의 관계를 해석하여 개선방법을 검토한다.
5 개선을 실시한다.
6 개선의 효과를 체크한다.
7 결과가 좋으면 작업표준을 수정한다.

3. 원료관리

식품원료의 주종을 이루는 것은 천연산물이기 때문에 식품제조 특유의 여러 가지 문제가 생기게 된다. 이점을 어떻게 관리하는가 식품제조에 있어서 품질관리에 중요한 포인트가 된다.

식품의 원료는 천연산물이기 때문에

① 여러 요인에 의하여 그 품질에 산포가 생긴다.

② 시간의 경과에 따라서 그 품질이 변화하는 등의 상황이 좋지 않게 된다. 먼저 천연산물의 경과품종, 산종, 재배법, 기후, 계절 등의 요인에 의하여 ㉮ 성분 (지방분, 단백질, 수분 등), ㉯ 물성 (색, 편도, 점도, 탄력성 등), ㉰ 형상, ㉱ 생산량, ㉲ 가격 등에 산포가 생긴다. 그 때문에 최초와 같은 품질의 제품을 만들기 위해서는 원료의 배합비율, 원료의 처리방법 등에 대한 공정조절이 필요하게 된다.

이와 같은 공정조절이 식품제조기술인 면도 있지만, 품질관리적으로는 원료품질의 산포를 어떻게 작게 하느냐 즉 원료 표준화에 중점을 두는 것이다.

원료의 표준화는 일반적으로 다음 순서로 실시한다.

1 원료 수입기준을 작성하여 원료 공급자의 합의를 받는다.
2 산지에서 수입기준에 따라 출하검사를 실시한다.
3 입하할 경우 수입검사를 실시한다. 이 경우 가능한 한 수치화된 검사를 실시한다. 그 데이터에 따라 원료 공급자를 계층화 한다.
4 수입검사의 데이터를 보존하여 원료 품질의 산포상태를 파악한다.
5 수입된 원료 품질의 산포가 클 경우에는 산포를 작게 하기 위하여 선별하여 등급화하여 구분한다.
6 계약재배를 실시하는 등 원료생산의 단계에서 생산지도를 실시한다.
7 품종개량, 생산기술의 조사연구를 실시한다.

4. 품종관리

최근 식생활 및 기호성의 다양화와 핵가족화 등에 대응하기 위하여 식품공장에 있어서는 어떻게 하던지 다품종, 소량생산으로 되는 경향이 있다. 그러나 다품종 소량생산이라는 생산방식은 생산자 측에서 보면 경제적으로나 기술적으로나 문제는 많지만 우선 원료와 작업공정과의 합리적인 조합을 검토하면 제품의 품질설계를 하는 것이 필요하다. 식품공장에 있어서 다품종 소량생산의 형태를 분류한다면 다음과 같이 된다.

1 동일제품에서 내용량, 용기포장만을 변동하는 경우

업무용 대형용기, 소비자용 소형용기 등의 종류에 따라 충진공정만을 조절하는 것이다.

[2] 원료의 배합비율 및 공정을 변동하는 경우

변동전 공정까지는 동일한 제조방법에 따라서 실시하고, 변동 후 공정은 분리하여 실시하는 것이 좋다. 그래서 이 경우 반드시 공정흐름도를 정비하여 활용해야만 한다.

[3] 원료의 종류와 품질을 변동하는 경우

이 경우는 특정의 원료와 공통원료와 구분하여 되도록이면 공통부분을 많게 하도록 품질설계하면서 원료를 합리적, 경제적으로 사용하는 것이 가능하다.

[4] 전부 내용적으로 다른 것을 제조하는 경우

이상을 종합하여 보면 표 1과 같다.

표 1. 다품종 소량생산의 경우 체크리스트

구분	체크 항목	확인 사항
원 료	1) 동일한 배합의 원료는 없는가 2) 첨가시기는 언제인가 3) 다른 원료는 어떤가	원료배합의 확인 원료를 첨가시기마다 구분 이종원료의 확인
작업공정	1) 작업공정은 어디까지 같은가 2) 도중에서 첨가하는 것은 어떤가 3) 측정하는 항목은 어떤가	작업순서의 확인 첨가시기와 방법의 확인 측정시기와 그 방법, 수량의 확인
제 품	1) 제품의 품질은 서로 다르지 않은가 2) 내용과 포장은 일치하나 3) 원료와 제품량의 일치	포장전의 품질체크 내용량과 제품량의 확인

5. 이물관리

식품중의 이물혼입은 소비자에 의해 가장 두드러진 결점이고 소비자크레임의 통계로는 항상 최고를 점하고 있다. 식품 중에 혼입된 이물은 그것 자체가 비위생이거나 인간에게 위해를 주는 경우는 당연히 큰 문제로 되지만 예로 이물자신이 직접 안전성에 관계하지 않는 경우에는 그 제조과정의 관리자체가 걱정스럽게 된다. 그리하여, 이물관리는 식품공장에 있어서 품질관리에 커다란 테마의 첫 번째로 꼽힌다. 그러나, 식품공장에 이물혼입의 방지에는 아무리 신경을 쓰고 있어도 실상에서는 도저히 생각지도 않은 이물혼입의 사고가 발생하는 것도 있어서 원인규명을 어렵게 하는 점이 이물관리의 문제이다. 식품 중에 혼입된 이물은 광범위 하지만 주로 거론되고 있는 것은 표 2와 같다.

표 2. 이물의 종류

■ **동물성** : 곤충, 진드기, 곤충의 다리나 날개, 알, 유충, 번데기, 탈피곽, 배설물, 모발
■ **식물성** : 지푸라기, 나무조각, 종이조각, 천조각, 실밥, 껍질
■ **광물성** : 토사, 유리조각, 쇠붙이조각, 사금파리조각, 바늘, 못
■ **기 타** : 플라스틱조각

또, 이물을 계통적으로 다음과 같이 분류할 수 있다.

1 **완전이물** : 식품의 원재료와는 전혀 이질인 것으로 식품 중 이물의 태반은 이것에 속한다.

2 **동속이물** : 식품의 원재료에 유래하는 것을 본래 배제되어야 하는 것
(예: 양파의 외피, 물고기의 뼈나 비늘 등)이나
제조공정 중에 원재료가 변형한 것
(예: 튀김물의 튀긴 찌꺼기등)이 있다.

이물관리의 기본적인 고찰방법을 종합하여 보면 다음과 같다.

1 이물을 넣지 않도록 할 것

일부러 이물을 넣는 일은 없겠으나 부주의로 들어간 것도 넣은 것과 같게 되므로 엄하게 대처할 필요가 있다. 이물혼입은 작업원의 약간의 주의로 막아지는 것이므로 이물관리의 효과를 높이기 위해서는 작업원에 대한 교육이 가장 중요한 관건이다.

2 이물이 들어가지 않도록 할 것

이물이 들어가서 그것을 제거하는 것은 대단한 경비를 요하는 것으로 이것도 초기에 막도록 해야한다. 이물의 혼입경로는 토사, 곤충, 지푸라기, 동물의 배설물, 금속파편 등이나 또, 이러한 원재료의 저장 중에 침입하는 쥐나 곤충의 털, 똥, 알 등에 주의해야 한다. 다음에 원재료가 가공되고 있는 경로로서 윗 부분이 개방되어 있는 곳 흔히 천정, 계단, 기계, 배관 등으로부터 낙하물이 없도록 배려

해야 하며 될 수 있는 한 전공정의 밀폐화가 바람직하다. 또, 포장자재, 관, 병 등에 유래하는 이물도 주의를 요한다.

③ 들어간 이물을 제거

대량의 제품 중에서 미세한 이물을 발견하는 것은 대단한 노력이 들지만 소비자의 신용을 확보하기 위해서는 소홀함이 없는 공정이어야 한다. 최근에는 금속탐지기를 사용하는 곳도 많지만 이물을 완전하게 배제하기에는 자체가 한계가 있으므로 미리 이물이 들어가지 않도록 하는것에 주력하는 것이 선결되어야 한다.

④ 이물혼입의 원인을 규명

먼저 이물혼입의 사고가 발생하면 그 당시의 사고상황에 관한 분명한 기록을 작성하여 보존한다. 이물혼입의 원인을 규명하기 위해서는 이러한 기록에서 사고원인의 분류, 정리를 실시하고 특성요인도의 모양으로 종합하고, 될 수 있는 한 다수 관계자의 참가를 요구하여 철저하게 검토하는 것이 바람직하다.

6. 중량관리

공장에서 생산되는 식료품, 특히 가공식품은 일반소비자가 직접 사용자가 되는 일이 많다. 그래서 제품의 거의는 최종적으로 일반소비자에게 충진포장된 형태로 출하되는 것이 통례이므로

① 식료품은 품질과 동시에 그 가격과 양과의 관계로 평가되는 일이 많다. 개개 포장단위의 약간의 양적 산포도 소비자 개인에 있어서는 그것이 문제가 된다.

② 생산하는 측에서도 개개의 내용량이 작기 때문에 포장작업량에 영향을 미치고 나아가서는 전체의 작업능률에 영향을 주게 된다.

③ 동시에 개개의 내용량 관리는 장기적으로 보면 이익에도 크게 영향을 준다는 점에서 식품공장에 있어서 중량관리도 피할 수 없는 중요한 관리 분야일 뿐만 아니라 기업의 사회적 책무로서 명확한 관리방침을 확립하여야 한다.

포장제품의 중량관리를 실시하는데 있어서 고려되는 중요한 문제점을 열거하여 보자.

1) 중량관리한계의 설정

관리한계를 어느 정도로 하는가? 하는 것은

1 소비자에 대한 보증
2 제품의 수율 측면에서 결정할 문제이지만 일반적으로 계량안정의 입장에서 제품의 종류, 저울의 종류, 재고일수, 경시변화, 용기중량의 진폭 등을 고려하여 실중량 이외의 적량을 첨가량으로 하여 가산한다. 많을수록 그 보증도는 높이지만 필요 이상의 것은 소용이 없고 나아가서는 제품의 수율에도 영향을 주게 되므로 가장 타당한 첨가량의 무게를 산출해야 한다. 일반적으로 정량의 확보와 첨가량의 감소를 위해서는 사용계량기의 성능향상에 대한 진폭의 감소가 가장 큰 효과가 있다. 또 정미량+용기량을 계측하는 경우에는 용기자체의 조건을 일정하게 고정할 필요가 있다. 그러기 위해서는 용기의 중량뿐만 아니라 길이, 재질 등의 기준을 명확히 정하여 이것에 근거하여 발주, 수입 등의 관리를 실시해야 한다.

2) 설비관리

중량관리는 어느 정도 정밀도가 높은 계량기를 사용하는 것은 기본이다. 우선, 측정대상의 상태, 측정목적 등을 고려하여 가장 적당한 것을 선정할 필요가 있다. 그래서 측정대상의 고체, 분체, 액체 등의 상태나 물리적 특성 등을 잘 검토할 것과 또, 측정대상에 접하는 부분의 부패성등 광범위한 주의를 기울여 선정하는 것이 중요하다. 또 최근에는 계량, 포장의 기계화가 발달되어 고도의 자등계량기 등의 사용이 증가하고 있지만 이러한 기계의 기능을 충분히 발휘시키기 위해서는 현장의 사용방법이나 일상의 설비안전에 어떤 장소가 좋은가가 중요하고 한편 정기적인 안전점검 및 예방보전을 하는 것에 의하여 사내에 동일적인 정도관리를 실시해야 한다.

3) 관리방법

중량관리를 실시함에 있어서는 중량계측 및 중량검사에 관한 작업표준, 규격 등을 정비하여 원활하고 정확하며 통일적인 운용이 바람직하다. 정확한 계량을 확보하기 위해서는 적시에 체크할 필요가 있지만 샘플량의 시기, 장소 및 샘플링 수에 대하여는 사고가 발생한 경우의 원인추구가 쉽도록 계측기별, 작업원별, 라인별, 시간별등 될 수 있으면 층별로 하여 철저하고 신중하게 선정해야 한다. 또, 체크하여 얻은 데이터는 반드시 기록하여 $\bar{x}-R$관리도, 히스토그램으로 정리하고 개개의 포장단위마다 주목하여 임기응변적인 조정에 차질 없도록 한다. 진폭의 전체적인 상태, 경향, 치우침 등을 파악하여 근본적인 원인제거에 노력해야 한다.

7. 검사

품질관리는 Plan-Do-Check-Action이라는 관리의 싸이클을 회전하는 것을 말하지만 검사는 이 첵크에 상당하는 것이다. 즉, 검사는 가능한 제품이 최초에 목표하는 품질을 유지하고 있는가를 판정하고 만약 규격에 적합하지 않는 불량품이 있다면 제거하는 기능을 갖는 중요한 공정이다.

또, 검사는 품질에 관한 중요한 정보를 생산하는 공정이기도 하다. 검사에 의하여 얻어진 품질정보에 근거하여 개선하기 위한 action을 취해야 하지만 중요한 검사 데이터가 정확한 것이 아니면 그릇된 action을 취하게 된다. 따라서, 바른 검사를 수행시키기 위해서는 다른 제조공정과 같게 관리가 필요하다.

검사관리에서 중요한 포인트는

1 검사기구의 정비

2 검사방법의 표준화

3 검사원의 교육

4 검사데이터의 보고방법 등 4가지이다.

식품검사의 경우 외관검사와 함께 통상관능검사나 이화학적 검사 등의 파괴검사를 수반하기 때문에 전수검사는 불가능하며 필연적으로 발취검사의 방법을 취하지 않으면 안된다. 그리하여 검사방법의 표준화에 있어서는 적어도 ① 발취검사의 형식 ② 검사로트의 작성방법 ③ 샘플링의 해석 ④ 샘플링의 시간과 회수 ⑤ 샘플링의 크기 ⑥ 합격판정 개수 ⑦ 검사항목 ⑧ 측정방법 ⑨ 검사 후의 로트의 처리 ⑩ 검사기록의 기재방식등의 사항에 대하여 결정하여 두는 것이 필요하다.

8. 식품의 관능검사

식품의 주요한 품질로서는 안전성, 영양성과 함께 맛이나 향 등에 관한 기호성이라는 중요한 요소를 들 수 있다. 식품은 원래 인간의 입으로 들어가는 것이 전제되고 있으니까 그 기호성의 양부, 좋고 나쁜 것은 결국 인간의 감각에 의하여 판단되고 있다.

그래서, 식품의 품질측정에 있어서는 인간의 감각에 의하여 판정을 실시한다. 또 관능검사의 방법은 주요 측정기술의 첫째라고 할 수 있다. 또 관능검사는 ① 빨리할 수 있고 ② 경제적이고 ③ 예민하며 ④ 다른 적당한 측정방법이 없이 관능검사가 아니면 안되는 경우의 장점을 가지고 있기 때문에 흔히, 식품공업에 있어서는 간이측정방법으로서 이용되는 것이 많다. 그러나, 관능검사는 인간의 눈, 귀, 코, 혀, 피부 등의 감각기관을 계측기로서 이용하는 것으로서 인간의 감각은 인간자체의 정신적, 육체적 조건이나 주위환경에 의하여 지배되기 쉬운 것이기 때문에 관능검사는 품질관리를 위한 측정방법으로 이용된다. 따라서, 정도를 높여 신뢰성 있는 것으로 하기 위해서는 다음 사항에 대하여 관리하지 않으면 안된다.

1) 판넬의 선정

실제로 관능검사를 하는 사람을 일반적으로 판넬이라고 부르고 있지만 특히, 품질의 평가를 하는 분석형 판넬은 식별능력, 판단기준의 안전성, 판단기준의 타당성의 3가지 측면에 있어서높은 능력을 가진 자로서 교육, 훈련을 받아 관리된 집단이 필요하다. 또 소비자의 기호성 조사에 사용되는 기호형 판넬은 참으로 일반소비를 바로 대표하도록 편파성이 없게 선택되지 않으면 안된다. 요컨대 목적에 최적한 판넬을 설정하는 것이 관능검사를 성공시키는 제 1의 열쇠이다.

2) 측정환경의 정비

관능검사를 실시하는 경우의 측정환경은 쾌적하여서 판넬이 결정하는 테스트에 전념할수 있는 상태일 것이 바람직하다. 즉, 음향, 온도. 습도, 환기, 조명, 실의 구조 등에 충분히 유의해야 한다.

3) 관능검사수법의 선정

식품의 관능검사에는 통계학, 심리학 등을 도입한 합리적인 수법이 다수 개발되어 있지만 그 중에서 목적에 맞는 최적의 수법을 선정하여 얻어진 결과를 바르게 해석하는 것이 중요하다.

제 4 절 품질관리의 수법

"품질관리는 데이터를 취하는 것에서 시작한다"라고 흔히 말하지만 품질관리를 진행하는 과정에서 개선을 위한 문제점을 객관적으로 분석한다. 개선효과를 측정하기 위해서는 먼저 올바른 "데이타"를 취하는 것이 필요하다. 이 경우 모아진 데이터를 QC수법이라고 부르는 간단한 통계적 수법이나 도표를 이용함으로서 큰 효과를 거둘 수 있다.

1. 특성요인도(원인을 도출하는 법)

1) 특성요인도

문제의 요인과 결과의 관계를 그림으로 나타낸 것이 특성요인도이다. 이 특성요인도는 현장, 사무, 연구 등 모든 분야에서 사용할 수 있으며, 관계자 모두의 경험 및 지식의 정리와 의사를 통일하는 데 쓰이며, 늘 가까운 곳에 붙여놓고 문제가 생기면 관계자들이 그 앞에 모여서 검토하여 새롭게 개정해 나아갈 필요가 있다.

2) 특성요인도의 작성방법

1. 결과로서 나타난 문제의 품질특성을 정한다.
2. 품질특성을 오른쪽에 쓰고 왼쪽에서 오른쪽으로 굵은 화살표를 긋는다.

그림 3

3. 품질특성에 영향을 미치는 요인을 크게 분류하여 공정의 차례대로 왼편으로부터 비스듬하게 화살표로 큰 가자를 치고 요인을 쓴 다음 □로 둘러싼다. 이러한 분류는 공정순으로 분류해도 좋고 4M(기계, 사람, 재료, 제조방법)으로 나누어도 좋다.

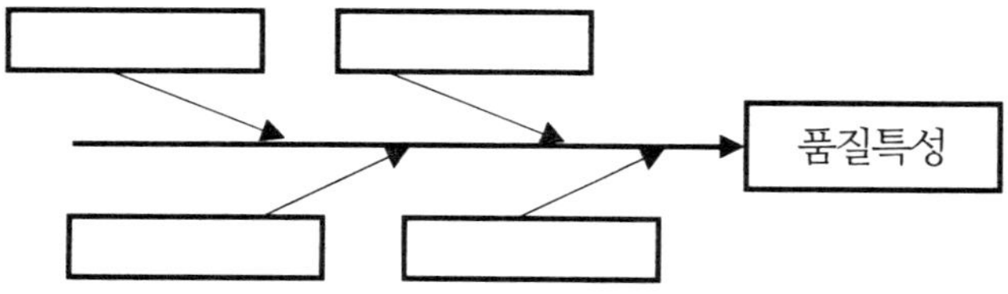

그림 4

④ 요인의 그룹마다 다시 이에 영향을 미친다고 생각되는 요인을 세분하여 아들가지 손자가지 등으로 기입해 나간다.

가장 말단의 조처를 취할 수 있는 요인까지 기입한다.

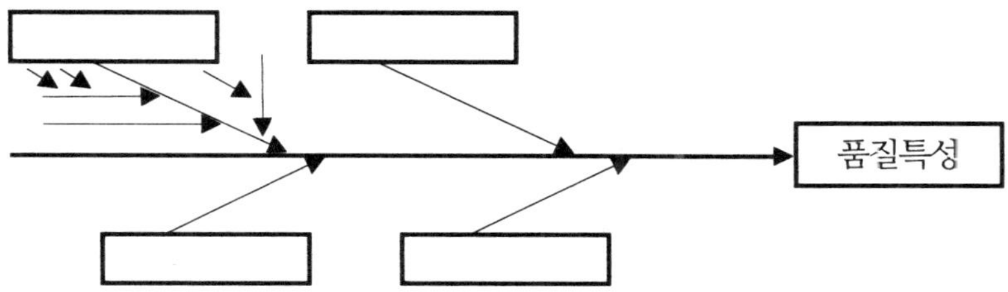

그림 5

3) 특성요인도 작성 시 주의사항

가능한 한 많은 관계자, 반장·직장·기술자·작업자·전후공정의 관계자들이 모여서 자유로이 발언하게 하여 전원의 지식이나 경험을 모으도록 작성하는 것이 중요하다.

이때는 브레인 스토밍(Brain storming)의 4원칙을 활용함이 좋다.

① 비판하지 않는다.

② 많은 의견을 내어 놓는다.

③ 연상을 활발히 전개한다.

④ 자유분방한 아이디어를 환영한다.

그림 6은 "품질보증"에 대한 특성요인도이다.

2. 파레트그림 (문제를 보는 법)

1) 파레트그림

데이터를 항목별로 분류해서 크기 순서대로 나열한 그림이다. 파레트그림을 보면 "어떤 항목에 문제가 있는가", "그 영향은 어느 정도인가"를 알아볼 수 있다. 파레트그림은 데이터만 있으면 간단하게 작성할 수 있고 또한 모든 분야에서 대단히 도움이 되는 것 중의 하나이다.

2) 파레트그림 작성방법

① 데이터의 분류항목을 결정한다.

결과의 분류 : 불량항목별, 장소별, 공정별

원인의 분류 : 재료별, 기계장치별, 작업자별, 작업방법별

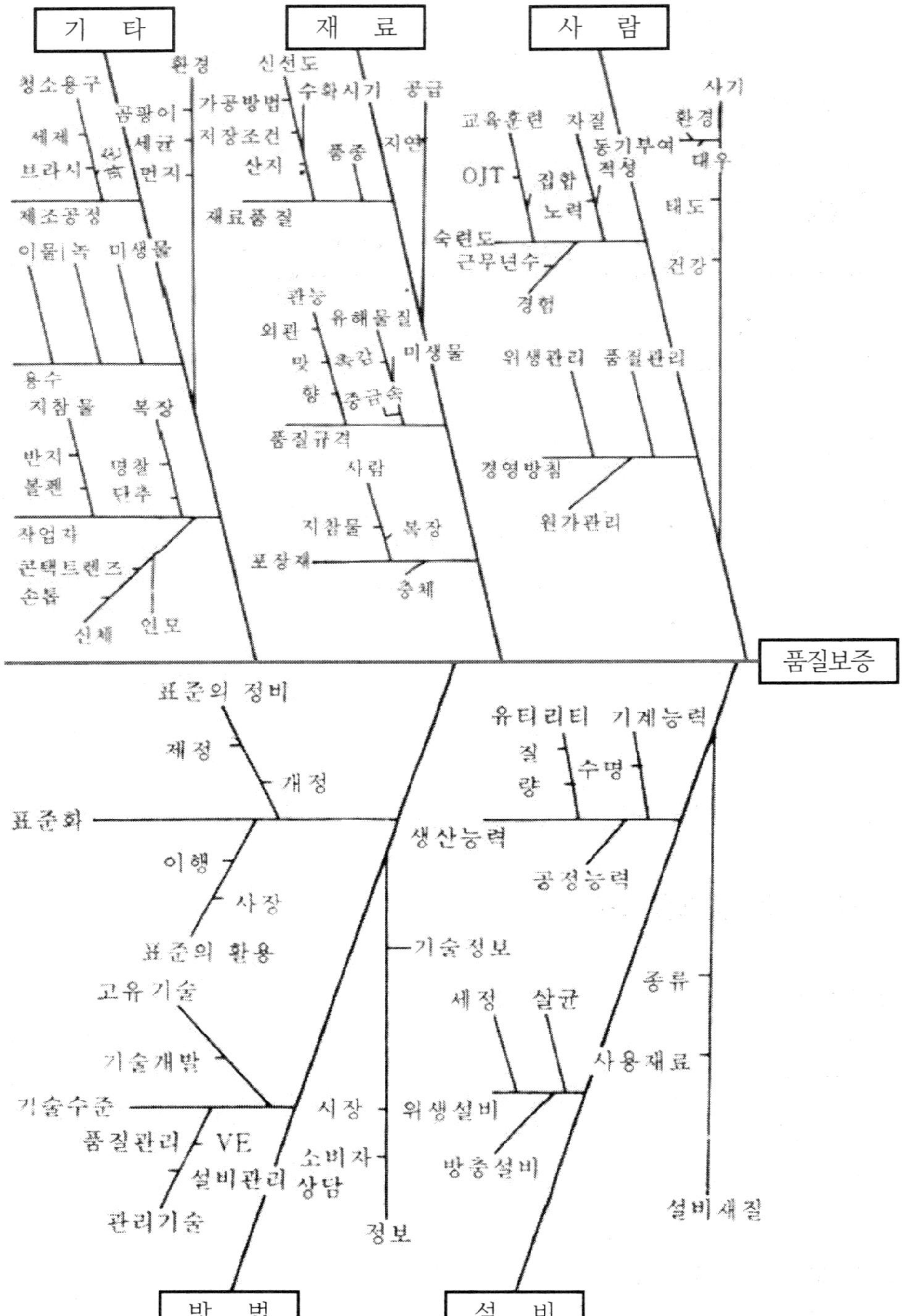

그림 6. 품질보증에 대한 특성요인도

2 분류항목별로 데이터를 집계한다.

(예) 조미료 1kg 단량의 포장검사에서 발견된 데이터의 불량을 내용별로 분류한다.

분 류 항 목	데 이 터 수
1. 접촉불량	30
2. 라미네이숀 불량	4
3. 인쇄불량	18
4. 중량미달	2
5. 제조일자표시불량	3
6. 기타	3
계	60

3 분류항목을 데이터의 크기의 순으로 항목을 바꾸어 놓고, 전체에 대한 각 항목의 백분율 계산과 누적수, 누적백분률을 낸다.

항 목	데이터수	백분율(%)	데이터누적수	누적백분율(%)
1. 접착불량	30	50	30	50
2. 인쇄불량	18	30	48	80
3. 라미네이숀 불량	4	6.7	52	86.7
4. 제조일자 표시불량	3	5	55	91.7
5. 중량미달 불량	2	3.3	57	95
6. 기타	3	5	60	100
계	60	100		

4 그래프용지에 세로축 가로축을 긋고, 세로축에 데이터의 수를 매기고 데이터의 크기 차례대로 막대그래프를 그린다.
다음에 데이터의 누적수를 꺾은선으로 기입한다.

* 오른편 끝에 세로축을 그리며 꺾은 선의 끝점에 100%라 쓰고, 0-100%의 사이를 10등분하여 %의 눈금을 매긴다.(그림 7)

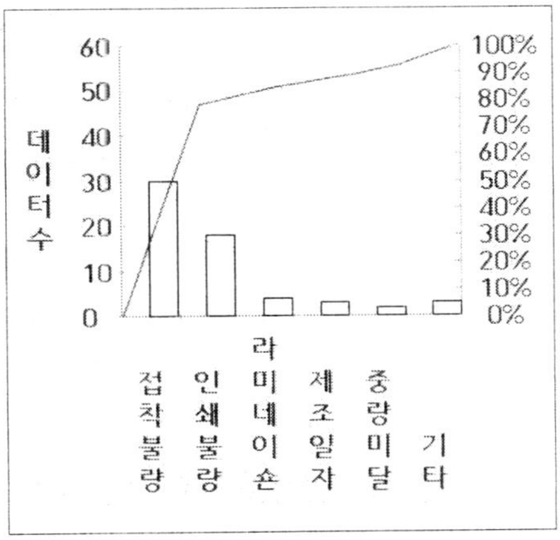

그림 7. 데0 터 그래프

5 필요사항을 기입한다.
데이터의 경력(기간·장소), 기록자 등

3) 그릴 시 주의할 점

1 세로축은 될 수 있는 대로 금액으로 표시한다.
2 기타라는 항목이 있을 때는 이것을 제일 마지막에 놓는다.

3. 그래프(눈으로 보게 하는 법)

데이터를 모아서 용지에 기입하여도 그것이 간단한 숫자의 나열로는 그 경향이나 대소관계 등을 파악하기는 어렵다. 이러한 데이터를 종합하여 그림으로 표시한다면 한 눈으로 그 모양을 알고 많은 정보를 보다 빠르게 전달할 수 있다. 그래프에도 여러 가지가 있다. 목적에 적합한 그래프를 선택하는 것이 중요하며, 이중에서도 만드는 방법이 간단하고, 가장 많이 사용되는 것은 막대그래프와 꺾은선 그래프이다.

1) 대소관계를 비교하는 데는 : 막대그래프

막대그래프와 비교하고 싶은 수량을 막대의 길이에 의하여 각 수량간의 대소관계를 표시하는 것이다. 다만, 이 그래프는 시간적인 변화를 표시하기에는 적당하지 않고 오히려 한 시점에서의 수량을 비교하는 경우에 유효하다.

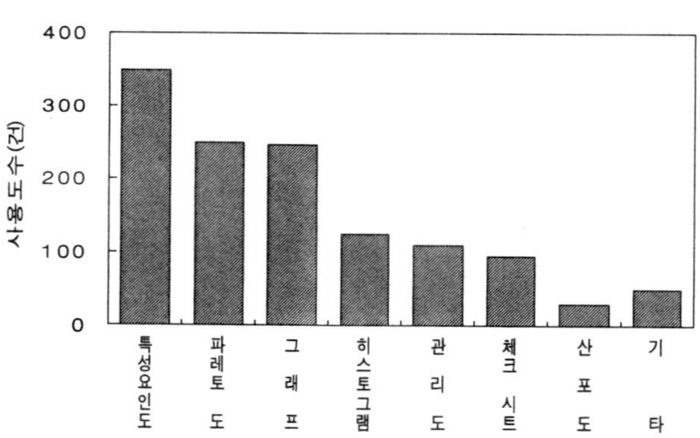

그림 8. 현장수법의 QC막대그래프

2) 시간적인 변화를 나타내는 데는 : 꺾은선그래프

꺾은선그래프는 시간적인 변화나 경향을 읽는데 적합

4. 히스토그램(산포의 모양을 보는 법)

1) 히스토그램이란

데이터가 존재하는 범위를 몇 개의 구간으로 나누어 가로축에 기입하고 각 구간에 들어가는 데이터의 수를 세어 이것을 세로축에 기입하여 만든 그림을 히스토그램이라고 한다. 히스토그램을 사용할 때 도움이 되는 것을 열거하면,

- 분포의 모양을 조사한다.
- 공정능력을 조사한다.
- 규격 또는 표준치와 비교한다.
- 층별하여 비교한다.
- 전체의 분포상황, 이빠진 데이터의 유무를 알아본다.
- 평균치나 표준편차의 계산에 편하다.

등 현상파악이나 개선에 도움이 되는 여러 가지 정보를 얻을 수 있다.

2) 히스토그램의 작성법

[1] 데이타를 모은다.

표 3은 어떤 인스탄트 식품을 하루에 4개씩 샘플링하여 수분함량을 25일간 걸쳐 측정한 n=100의 데이터이다.

표 3. 수분함량 (%)

월/일	데 이 터				월/일	데 이 터			
	x_1	x_2	x_3	x_4		x_1	x_2	x_3	x_4
9/2	3.8	4.2	3.9	3.7	9/17	3.5	4.1	4.0	3.6
3	4.2	4.1	3.5	4.3	18	5.0	3.9	3.5	3.9
4	3.4	4.3	4.2	4.1	19	3.7	4.0	4.1	3.7
5	4.2	3.7	3.8	4.1	20	4.0	3.2	4.5	3.9
6	3.9	4.5	4.0	3.3	21	3.9	4.8	3.6	4.0
7	4.1	2.9	3.9	4.1	23	3.5	3.9	4.0	4.7
9	3.6	4.0	4.0	4.4	24	4.4	4.5	3.8	3.3
10	4.6	3.7	4.7	3.6	25	4.8	4.0	3.9	3.7
11	4.4	4.0	3.7	4.1	26	3.8	3.7	4.3	4.3
12	3.1	4.4	4.4	4.9	27	3.9	4.0	3.8	4.7
13	3.6	3.8	3.8	3.6	28	3.7	4.3	4.2	3.5
14	4.1	4.0	3.0	4.2	30	4.2	4.8	4.5	4.0
16	4.0	3.7	3.8	4.8					

[2] 최대치와 최소치를 찾는다.

데이터 전체의 최대치 L과 최소치 S를 찾는다.

표 3에서 L=5.0 S=2.89 로 된다.

[3] 계급의 폭을 정한다.

최대치와 최소치 사이를 적당한 간격으로 등분한다. 이 등분된 각각의 구간을 계급(class)이라고 하며 등분된 간격을 계급의 폭이라고 한다. 계급의 폭 h는 측정의 최소단위의 정수배로 잡는다. 계급의 수는 6-15정도가 좋다. 계급의 폭을 정하는 데는 L과 S의 차를 10으로 나누어 어림해 보는 것이 보통이다. 예를 들면 표 3의 데이터에서는

$$\frac{L-S}{10}=\frac{5.0-2.9}{10}=0.21$$

[4] 계급의 경계치를 정한다.

계급의 경계치는 측정단위의 1/2에 오도록 가령 위의 예에서 측정단위가 0/1%이므로 0.05%가 되도록 한다. 우선 제일 왼쪽의 계급에 최소치가 포함되도록 정하고 다음은 차례대로 최대치를 포함하는 계급까지 정한다.

이 예에서는 최소치가 2.9이므로 제일 왼쪽의 계급은 2.85-3.05 또는 2.75-2.95로 한다.

[5] 도수표를 만든다.

표 3-1과 같이 계급의 경계치와 중심치를 넣은 표를 준비하여 데이터를 한 쪽 끝에서부터 하나씩 어느 계급에 들어가는가를 보면서 체크란에 표기해 간다.

도수의 크기는 다음과 같이 한다.

도　　수 :	1	2	3	4	5	6	7 ……
도수마아크 :	/	//	///	////	卌	卌/	卌//

여기서 표 3-1의 도수(f)란의 합계가 데이터의 수 n과 일치하는가를 확인해둔다.

표 3-1. 수분함량의 도수표

No.	계급의 경계치	중심치	체 크	도 수
1	2.85-3.05	2.95	//	2
2	3.05-3.25	3.15	//	2
3	3.25-3.45	3.35	///	3
4	3.45-3.65	3.55	𝍸 𝍸 /	11
5	3.65-3.85	3.75	𝍸 𝍸 𝍸 ///	18
6	3.85-4.05	3.95	𝍸 𝍸 𝍸 𝍸 ////	24
7	4.05-4.25	4.15	𝍸 𝍸 𝍸 /	16
8	4.05-4.45	4.35	𝍸 𝍸	10
9	4.45-4.65	4.55	𝍸	5
10	4.65-4.85	4.75	𝍸 //	7
11	4.85-5.05	4.95	//	2
계				100

6 히스토그램 작성법

계급을 가로축에 잡고 도수를 세로축에 잡아 그림을 그리면 히스토그램이 된다. 그림 8은 표 3-1의 도수표로부터 작성된 것이다.

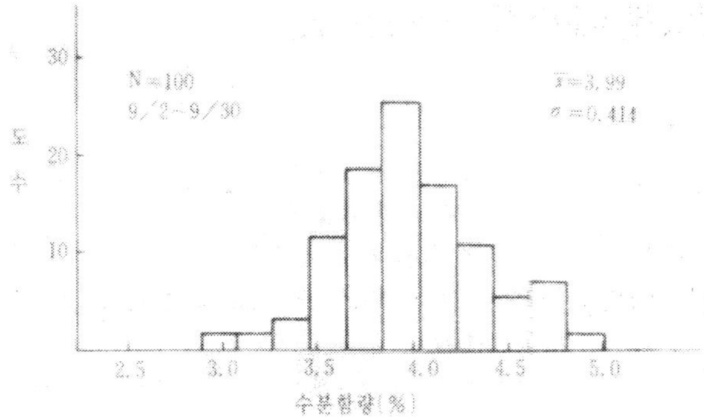

그림 9. 수분함량의 히스토그램

3) 히스토그램의 형태

안정된 공정에서 얻어진 데이터이면 일반적으로 그림 8에서 보는 바와 같이 중앙이 높고 좌우로 완만하게 경사진 산모양으로 된다.

흔히 볼 수 있는 히스토그램 중에서 특징있는 몇 개를 보면 다음과 같다.

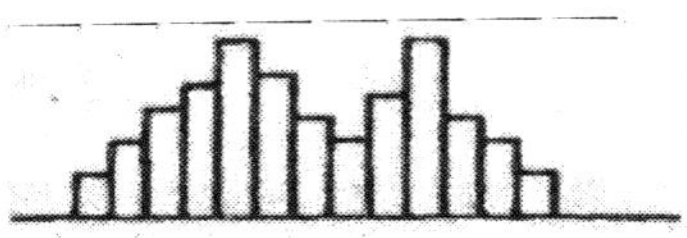

(a) 2 산 분 포

2개의 집단이 섞여진 분포이다. 예컨데, 어제의 제품과 오늘의 제품, 작업원 A와 작업원 B가 만든 것이 합친 것 등.

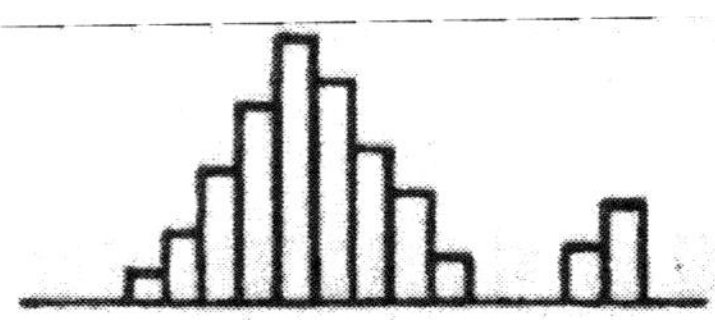

(b) 떨어진 작은점 소도

2산분포의 일종이지만, "데이터"중에 다른 집단의 것이 들어갔을 때, 어떤 이상이 있을 때 등에 떨어진 작은 섬이 될 수 있다.

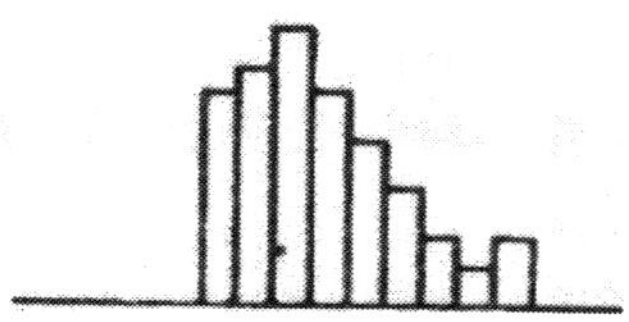

(c) 절 벽 형

불량품을 전수검사하고 제외시킨 후에 우량품을 측정한 때에 이와같은 분포가 된다.

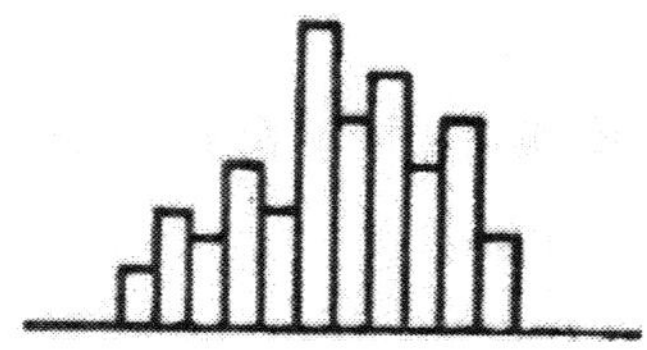

(d) 비뚤어진 분포

합격률, 비율 등 평균치가 100%에 가까운 때에 이와같은 분포가 된다.

그림 10. 여러 가지 히스토그램의 모양

5. 체크시트(요령있게 데이터를 취하는 법)

1) 체크시트란

바쁜 현장에서 데이터를 취하여 정리하기 위하여는 데이터를 간단하게 취할뿐만 아니라 그 데이터를 정리하기 쉬운 모양으로 모아져야 하는 것이 필요하다. 이 때문에 **간단한 체크를 하여서 필요한 정보가 모아질수 있도록 연구하는 것**이 체크시트이다.

체크시트에는 사용하는 방도에서 대별하여 다음과 같이 분류할 수 있다.

- 기 록 용
  - 공정분포 조사용 (그림 11)
  - 불량항목 조사용
  - 불량요인 조사용 (그림 12)
  - 결점위치 조사용
- 점검 확인용

No.	급별한계치	중심치	1 호 기 체 크	1 호 기 도수	2 호 기 체 크	2 호 기 도수	3 호 기 체 크	3 호 기 도수	4 호 기 체 크	4 호 기 도수	전체 도수
1	181~183(마이너스불량)	182									
2	184~186(마이너스불량)	185							//	2	2
3	187~189(마이너스불량)	188							////	4	4
4	190~192 ↑	191	/	1					卌/	6	7
5	193~195	194	卌卌/	11	///	3	/	1	卌卌卌/	16	31
6	196~198	197	卌卌卌////	19	卌//	7	卌	5	卌卌///	13	44
7	199~201 규격내	200	卌卌/	11	卌卌卌///	18	卌卌/	11	卌	5	45
8	202~204	203	////	3	卌卌卌/	16	卌卌卌/	16	//	2	37
9	205~207	206	///	3	卌/	6	卌////	9	//	2	20
10	208~210 ↓	209	//	2			//	2			4
11	211~213(플러스불량)	212					卌/	6			6
12	214~216(플러스불량)	215									
13	217~219(플러스불량)	218									
계				50		50		50		50	200

그림 11. 공장분포조사용 체크시트

작업자	기계	11월 9일(일) 오전	11월 9일(일) 오후	10(화) 오전	10(화) 오후	11(수) 오전	11(수) 오후	12(목) 오전	12(목) 오후	13(금) 오전	13(금) 오후	14(토) 오전	14(토) 오후	계	
좌	1	○○○	○○	○○	×× ●	○○○○	○ ××	○○ × ●	○ ××	○○○ ×××× ●	○○○○ ××××	○○○○ × ●●	○ ××	50	121
등	2	○○○○ ×× ●	○○○○	○○ ×	○○○ ×× ●	○○○○ ×× ●	○○○ ××	○ ×× ●	○○○ ×× ●●	○○○○○ ××× ●	○○○○○ ×	○○○○ ●●	○○○ × ●●●	71	
포	3	○○ ×	○○ △	○○ □	○ □	○○○	●●	○○ ×	○ ×	○○○○○	○○○○ ×	○○	○○○	37	87
월	4	○○○ ×× ●	○○ ×× □	○ ×××	○ ×××	△	○○○○ ●	○ ×	○ ×	○○○○○ △△	○○○○ × ●●	○○ △	○○ △△	50	
계		19	14	12	14	15	15	14	14	29	27	18	17	208	
		33		26		30		28		56		35			

그림 12. 불량요인조사용 체크시트

2) 체크시트의 작성방법과 사용방법

1 데이터를 취한 목적을 확실히 한다.
해결해야 할 문제점을 확실하여 그 목적에 맞는 체크항목을 정한다.

2 데이터를 간단하게 취하도록 한다.
될 수 있는 한 숫자를 사용하지 말고 표시하는 것만으로 좋도록 한다.

3 취한 데이터가 그대로 그래프나 도표가 되도록 양식을 한다.
양식을 결정한 후에는 그것을 사용하는 사람과 가장 기입하기 쉬운 모양으로 한다.

4 체크시트를 보아 데이터가 어떤 형태로 되었는지, 어떤 액션을 취해야 할지를 결정한다.

6. 기타 QC수법

현장에서 가장 많이 사용되고 효과를 높이는 수법에는 전기와 같이 ① 특성요인도 ② 파레트그램 ③ 그래프 ④ 히스토그램 ⑤ 체크시트 ⑥ 관리도 ⑦ 산포도가 있으며 이것을 일반적으로 QC의 7가지 도구라고 부른다. 그러나, 관리도 및 산포도는 기록방식 자체는 간단하지만 상세한 것에 대하여는 전문서적에 넘기는 수밖에 없다.

제 5 절 관능검사

식품의 품질특성은 물리화학적인 특성과 관능특성으로 크게 구분할 수 있다. 식품의 가치를 과거에는 영양성분분석 등 물리화학적 특성의 평가가 중심이 되고, 인간의 감각을 통해서 알 수 있는 관능품질특성을 경시했다. 그러나 최근에는 소득수준이 향상되면서 관능품질에 대한 비중이 점차 커짐에 따라 식품의 영양성분 등이 좋더라도 관능품질이 나쁘면 식품으로서의 가치를 인정받지 못하게 되었다. 이러한 사회적인 배경과 소비자의 소비패턴의 변화로 식품의 품질평가에서 관능검사의 중요성이 부각되었다. 따라서 식품공장의 품질관리항목은 식품의 종류에 따라 차이가 있으나, 일반적으로 물리화학적 분석치 보다는 인간의 감각에 의한 관능검사결과가 더 중요시 되고 있다.

1. 관능검사의 정의

식품의 맛, 냄새, 색깔 등 관능적 품질특성을 사람의 감각을 이용해서 평가 및 판정하는 것을 관능검사(sensory test, sensory evaluation, sensory assessment, organoleptic assessment)라고 한다. 관능검사에서는 똑같은 식품을 대상으로 하더라도 사람에 따라 다르고 같은 사람이라도 장소와 시간, 심리상태, 생리상태 등에 따라 다르기 때문에 통계적인 방법을 기초로 하여 사전에 충분히 계획된 조건하에서 시행하여야 신뢰성 있는 결과를 얻을 수 있다.

2. 관능검사의 목적

식품에서 관능검사를 하는 목적은 일상 생산하는 제품의 품질보증, 기존 제품의 품질개선, 신제품 개발, 다른 원료로 대체, 제품이나 원료의 보존성 시험, 적정사용량의 결정, 수입검사, 제품이나 원료의 등급결정 및 소비자의 기호조사를 위해서 한다.

3. 관능검사의 방법

일반적으로 많이 이용되는 관능검사 방법으로 차이식별법(差異識別法, difference test), 순위법(順位法, rank order test), 채점법(採點法, scoring test), 묘사법(描寫法, descriptive test), 기호척도법(嗜好尺度法, hedonic scaling) 등이 있다.

3.1 차이식별 시험법

제시된 샘플을 표준샘플 또는 대조샘플과 비교하여 통계학적으로 유의성(有意性, significant) 차이가 있는지를 판단하는 시험이다.

(1) 단일샘플시험법(單一샘플試驗法, single sample test)

하나의 샘플을 제시하여 판정을 내리는 방법으로, 이 방법은 이미 경험으로 머릿속에 들어있는 기억표준과 대비하여 차이가 있는지를 식별하는 방법으로 상당한 훈련이 필요하다.

예를 들면 지금 생산되고 있는 제품이 기존에 생산되고 있는 제품과 품질에서 차이가 있는지를 알고자 할 때 쓸 수 있다. 단일 샘플시험법에서는 찬스에 따른 정답확률은 50%이며 x^2 (카이스퀘어)검정, 분산분석 또는 2점대비시험법의 유의 검정표(부표6)에 따른다.

(2) 2점대비시험법(2点對比試驗法, paired comparison test)

표준샘플 또는 대조샘플과 시험하고자 하는 샘플을 동시에 제시하여 차이가 있는지를 비교하는 방법으로, 일상의 품질관리에서 많이 이용되고, 선입관에서 오는 기대오차(期待誤差)가 발생될 우려가 있는 것이 단점이다.

이 방법에서 표준샘플이나 대조 샘플은 미리 정해진 방법에 따라 만들어 두었다가 쓰는 법과 전일(前日)에 생산된 제품을 대조로 하여 비교할 수 있다. 이 방법은 패널원이 경험자나 미경험자에게도 적용되며, 소비자 기호조사에도 응용된다. 이 방법으로 단순차이식별, 차이지적 및 질 선택의 세 가지를 동시에 할 수 있다. 정답률은 50%이며, x^2 검정 및 2점대비시험법의 유의 검정표(부표6)에 따른다.

(3) 1·2점 시험법(1·2点試驗法, duo-trio test)

이 시험은 3개의 샘플이 패널원에게 제시된다. 먼저 표준샘플을 시험한 다음에 두 개의 샘플(그 중 하나는 표준샘플과 동일하고 다른 하나는 시험하고자 하는 샘플)을 제시하여 어느 것이 표준 샘플과 동일한가를 찾아내는 방법이다. 찬스에 따른 정답률은 50%이며, x^2 검정 또는 1·2 시험법의 유의 검정표(부표7)에 따른다.

(4) 3점시험법(3点試驗法, triangle test)

이 방법은 다른 방법에 비해 가장 정확한 결과를 얻을 수 있다. 이 시험은 3개의 샘플이 패널원에게 제시된다. 두 개는 동일하고 나머지 한 개는 다른 샘플을 동시에 3

개를 제시하여 그 중에서 다른 품질의 샘플을 찾아내게 하는 방법으로, 잘 훈련된 사람이라야 쓸 수 있는 방법이다.

샘플을 조합은 AAB, ABA, BAA, BBA, BAB, ABB의 여섯 종류이다. 정답확률은 ⅓이며, x^2 검정 또는 3점시험법의 유의 검정표(부표8)에 따른다.

3.2 질과 양의 시험법

제시된 샘플에 대해서 질적 및 양적으로 시험평가 하는 방법이다. 이 방법은 잘 훈련된 패널원이 시험해야만 재현성이 있는 평가를 할 수 있다.

(1) 순위법(順位法, rank order test)

순위시험법은 2점대비시험법을 확대한 것으로 시험 속도가 빠르고 한 번에 여러 개의 샘플을 시험할 수 있다.

보통 3~5개의 샘플을 동시에 제시하여 어떤 한가지의 관능품질특성을 기준으로, 그것의 강도 또는 기호에 따라서 순위를 정하게 하는 방법이다. 샘플의 품질특성이 여러 개 있을 때에는 이것들을 각각 분리하여 따로 시험해야 한다. 예를 들면 간장의 품질특성은 맛, 향기, 색깔로 크게 구분할 수 있는데, 시험 시에는 각 특성별로 나누어 순위를 정해야 한다. 이 방법은 잘 훈련된 패널원이 필요하며 신제품 개발 시에 많이 활용한다.

순위법의 시험결과는 크레머(Kramer)등이 만들어 낸 표(부표9)를 이용해서 유의차이를 체크할 수 있다.

(2) 기호척도법(嗜好尺度法, hedonic scaling)

식품을 먹었을 때 맛, 향기, 조직감 등이 좋으면 종합적으로 쾌감을 느끼게 되고, 그렇지 않으면 불쾌감을 느낀다. 이와 같이 쾌, 불쾌를 느끼는 심리상태를 기호(嗜好)라고 하며, 기호의 정도를 측정하는 것이 기호척도이다. 이때의 척도는 가장 좋아하는 점과 가장 싫어하는 점의 사이를 적당한 거리로 구분하여 좋다, 싫다의 정도를 9단계, 7단계, 5단계로 척도화한 것을 사용하며 표현용어는 다음과 같다.

9단계 기호척도	7단계 기호척도	5단계 기호척도
(9) 가장 좋다 (8) 대단히 좋다 (7) 보통으로 좋다 (6) 약간 좋다 (5) 좋지도 싫지도 않다 (4) 약간 싫다 (3) 보통으로 싫다 (2) 대단히 싫다 (1) 가장 싫다	(7) 대단히 좋다 (6) 보통으로 좋다 (5) 약간 좋다 (4) 좋지도 싫지도 않다 (3) 약간 싫다 (2) 보통으로 싫다 (1) 대단히 싫다	(5) 대단히 좋다 (4) 보통으로 좋다 (3) 좋지도 싫지도 않다 (2) 보통으로 싫다 (1) 대단히 싫다

기호척도법으로 검사한 결과는 분산분석법으로 해석한다.

(3) 채점법(採點法, scoring test)

식품의 품질특성을 수치척도(數値尺度)로 평가하는 방법으로, 품질의 척도를 나타내는 숫자가 평가하고자 하는 성질과 비례한다는 가정 하에 실시하는 것이다. 이 채점법은 다른 방법에 비해 일시에 많은 샘플을 처리할 수 있는 장점이 있으나, 잘 훈련된 패널원이 필요하다.

이 방법으로 검사 시 고려해야 할 사항으로는 식품의 품질특성을 구성하는 여러 특성 중 그 중요도에 따라 비중을 달리하여 점수를 배부해야 한다. 예를 들면 간장의 품질 특성 요소를 크게 나누면 맛, 향기, 색깔이 있다. 그러나 이들 품질특성의 중요도는 각각 다르기 때문에 전체의 품질을 100으로 할 때 맛은 60, 향기는 30, 색깔은 10의 비중을 둔다. 채점법의 실례로 미국낙농학회에서 채택하고 있는 우유의 채점표 및 채점지침서를 보면 표 5-1과 같다.

또한 이 채점법에서는 품질수준이 높은 것에 섞여 있는 샘플은 실제보다 낮게 채점되기 쉽고, 품질수준이 낮은 것에 섞여 있는 샘플은 실제보다 높게 채점되기 쉽기 때문에, 이러한 현상을 막기 위해서 샘플의 중간 중간에 점수가 기록된 표준품을 끼워 넣는 것이 오차를 줄일 수 있어 좋다.

채점에 사용되는 척도는 점수(0~10점 또는 0~100점), 그래프(선 또는 그림 위에 좋다, 나쁘다 등을 표시한 것), 용어표시(가장 좋다, 좋다, 나쁘다, 가장 나쁘다) 등으로 나타내며, 척도 위의 표시점은 원칙적으로 등거리여야 한다. 결과의 분석은 t검정, 분산분석을 사용한다.

표 5-1. 우유의 채점표 및 채점지침서

채 점 표

품　목　　　　　　시유
등　급　　　　　　번호

	만 점	채 점	비　고
풍 미 및 이 취	45		풍미결함…………
세　균　수	35		세 균 수…………/mℓ
침　전　물	10		
온　　도	5		온　도………… ℃
용 기 및 밀 폐	5		용　기………
			밀　폐………
합　　계	100		

(채점은 별첨 지침서를 참조할 것)

검사　　년　월　일　　　년　월　일

검사원 서명

채 점 지 침 서

(1) 풍미 및 이취-45점 만점
우유 특유의 풍미가 부족하거나 이취 또는 이미가 발견되면, 그 정도에 따라서 만점에서 감점한다.
그 내용은 가능한 대로 비고난에 기입한다. 다음은 풍미 채점 지침이 된다.
우 수-40점 이상 : 결점이 없다.
양 호-37~40점 : 고유의 풍미 부족, 아주 미약한 이취
보 통-40점 이상 : 이취, 이미, 약간 산화
저 질-37~40점 : 강한 이취 및 이미, 산화 아주 미약한 산패
불 량-25점 이하 : 산패, 강한 산미
0점 : 산패 및 부패, 식용불가

(2) 세균수-35점 만점

세 균 수	점 수	세 균 수	점 수
500이하			
510~ 1,000			
1,010~ 1,500			
1,510~ 2,000			
2,010~ 2,500			
2,510~ 3,000			
3,100~ 3,500			
3,600~ 4,000			
4,100~ 4,500			
4,600~ 5,000			
5,100~ 6,000			
6,100~ 7,000			
7,100~ 8,000			
8,100~ 9,000			
9,100~ 10,000			
10,100~ 11,000			
11,100~ 12,000			
12,100~ 13,000			
13,100~ 14,000			
14,100~ 15,000			
15,100~ 16,000			
16,100~ 17,000			
17,100~ 18,000			

(3) 침전물-10점 만점
우유를 여과하여 침전물을 표준품과 비교 채점한다.
온도-5점 만점
10℃이하··············5점
10~12℃···········4
12~13.5℃······3
13.5~15.5℃···········1점
15.5℃이상 ···········0

(4) 용기 및 밀폐-5점 만점
용기 및 밀폐상태가 불결하거나 불완전한 정도에 따라 감점한다.
주 : 법적 기준에 미달하는 시료는 채점 대상에서 제외된다.

(4) 묘사법(profile test, descriptive test)

식품의 풍미(맛, 향)와 조직감에 대한 특성과 강도 등을 묘사하는 데 흔히 이용하는 방법으로, 전문가 또는 잘 숙련된 사람(4~6명)에 의해서만 실시할 수 있다. 실시방법은 둘러앉아서 제시된 시료에 대하여 토의·기록하는 형식으로 진행한다.

① 풍미묘사(flavor profile)

풍미(flavor)의 관능특성을 정성적 및 정량적으로 나타낼 때에는 다음과 같이 나누어 묘사한다.

- 풍미특성 : 맛, 냄새에 대해 느껴지는 특성 즉, 달다. 쓰다. 구수하다 쇠고기국물 냄새 등의 공통용어를 써서 기술한다.
- 풍미강도 : 풍미특성이 얼마나 강한지를 정량적으르 나타낸다.
- 감응순서 : 감각특성이 나타내는 순서를 나타내는 것으로, 쓴 맛 다음에 짠 맛이 난다거나 하는 것과 같은 느낌의 순서를 나타낸다.
- 뒷맛 : 샘플을 삼키고 난 다음에 입속에 남는 맛, 냄새 등의 뒷맛을 나타낸다.
- 종합적인 평가 : 샘플의 종합적인 풍미평가로 정량적으로 제품 전체의 인상을 나타낸다.

② 조직감 묘사(texture profile)

풍미묘사방법과 마찬가지로 조직감에 대한 특성을 나타낼 때 다음과 같이 나누어 묘사한다.

- 조직감특성 : 기계적 특성, 기하학적 특성, 촉감적 특성에 대해 공통용어를 써서 기술한다(앞의 4장 2.3 조직감 참조).
- 조직감의 강도 : 조직감특성이 갖고 있는 강약의 정도를 나타낸다.
- 감응순서 : 샘플을 입안에 넣었을 때 느끼는 순서를 나타낸 것으로, 씹기 전에 입 안에서의 느낌, 처음 씹을 때의 느낌, 계속해서 씹을 때의 느낌, 다 씹었을 때의 느낌, 목구멍으로 삼킬 시의 느낌의 순서를 나타낸다.
- 종합적인 평가 : 샘플 전체의 인상을 나타낸다.

(5) 정량적 묘사법

묘사법에서 얻어진 특성과 특성의 강도는 정량적 묘사분석(定量的描寫分析, quantitative descriptive analysis : QDA) 도표로서 품질의 변화나 차이를 정량적으로 표시할 수 있다.

이 정량적 묘사분석법은 신제품의 개발이나 원료의 대체 시에 활용될 수 있다. 그림

5-1은 효모엑기스 제조 시 자기분해(autolysis) 시간별 맛의 변화를 정량적으로 묘사 분석한 예로서, 이 그림을 보면 어떤 맛이 어떻게 변화되어 가는 정도를 시각적으로 알아 볼 수 있다.

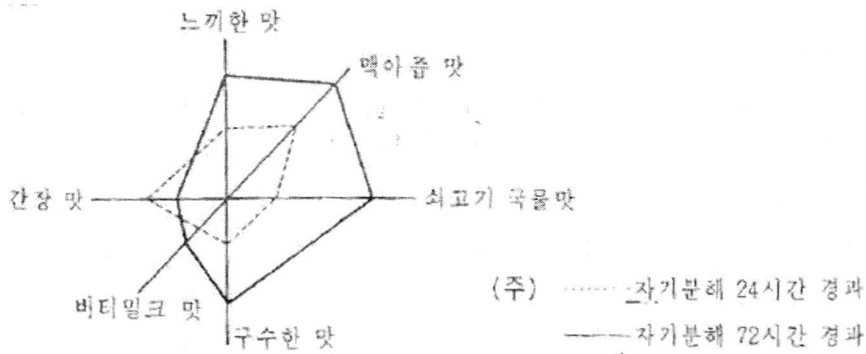

그림 5-1. 자기분해시간별 효모 엑기스의 맛

3.3 기호 및 선택시험

기호시험(嗜好試驗, acceptance test)은 어떤 샘플에 대하여 시식(試食)토록 하고 먹고 싶은 정도 「많이 먹겠다」 「먹을만 하다」 또는 「먹을 수 없다」 등을 묻는 시험이며, 새로 개발된 제품에 대하여 시험이 끝나고 소비자 기호조사에 많이 이용된다. 한편 선택시험(選擇試驗, preference test)은 여러 개의 샘플 중에서 어떤 것을 택하겠는가를 묻는 시험이다. 비슷한 제품 중에서 기호도가 높은 것을 선정할 때 사용된다.

기호 및 선택시험은 어떤 제품에 대하여 소비자가 얼마나 좋아하고 선택하느냐 하는 소비자의 반응을 알아보기 위해서 하는 것으로 기호 및 선택시험용 패널원은 소비자 집단을 대표할 수 있어야 한다는 것이 대단히 중요하다.

(1) 기호 및 선택에 관계되는 요소

① 제품 자체에 귀속되는 요소 : 구득가능성, 이용성, 편리성, 가격, 균일성, 저장성, 안전성, 관능특성

② 소비자 자신에 귀속되는 요소 : 민족성, 지역성, 연령, 성별, 종교, 교육, 사회 및 경제적 지위, 심리적 동기, 생리적 동기

(2) 조사결과에 영향을 주는 요소

① 조사대상

② 예비조사 실시여부
③ 샘플링 방법
④ 자료수집 및 분석방법
⑤ 결과의 해석

(3) 조사방법

① 통계자료조사 : 생산, 판매 통계자료로써 조사하는 방법
② 관찰법 : 훈련된 조사원이 직접 시장에서 소비자의 행동을 관찰 조사하는 방법
③ 질문법 : 작성된 질문서를 제시하여 회답을 받는 방법으로 전화, 우편을 이용하거나 직접 찾아가서 면접하는 등의 방법

(4) 패널원의 구성

소비자 기호조사 시험 시에 패널원의 구성은 규모가 작을 때는 50~100명, 규모가 클 때에는 200명 이상의 인원이 필요하다.

3.4 감도시험

감도시험(感度試驗,sensitivity test)은 어떤 물질에 대한 최소감량(最小感量)을 측정하고자 할 때나, 관능검사를 위한 검사요원 즉, 패널의 선발 시에 기본 맛 등에 대한 예민도 또는 정상 상태를 시험하는 데 이용된다. 이 시험결과 어떤 맛에 대하여 맛을 모르는 미맹(味盲)이 나타나면 이런 사람은 패널에서 제외시킨다. 도한 냄새에 대하여도 시험하여 어떤 냄새인지를 식별하지 못하는 후맹(嗅盲)임이 발견되면 패널원에서 제외시킨다.

4. 관능검사의 조직

관능검사를 올바로 실시하기 위해서는 관능검사를 주관하는 조직이 필요하다. 이 조직은 회사의 업종 및 규모, 회사의 품질방침에 따라 다르기 때문에 일률적으로 설명하기는 어렵다.

소비자와 관능품질을 중시하는 회사에서는 본사 소속으로 관능 평가실을 두고 운영하는 곳도 있고, 그렇지 않은 회사에서는 관능검사를 가볍게 생각하여 관능검사를 실시하는 조직이 없는 곳도 있다. 그러나 관능검사를 실시하는 조직이 있는 회사에서는 그 기능을 대부분 연구실이나 품질관리실에 두고 있다.

표 5-2. 관능검사조직의 크기

구분 \ 크기	소	중	대
관능검사참모	• 전담자 1명 • 파트타임으로 필요 시 도와줄 수 있는 사람 1명	• 전담자 1명 • 보조원 1~2명	• 전담자 2명이상 • 보조원 2명이상
시험설계	단순 • 몇 개의 질문 • 전통적인 척도	단순 및 복잡 • 다양한 질문과 척도	단순 및 복잡 • 다양한 질문과 척도
패널원의 소속	회사종업원	회사종업원 소비자(비회사)	회사종업원 소비자(비회사)
패널의 크기	소 : ≤30/시험	소 : ≤30/시험 대 :50~100/시험	소 : ≤30/시험 대 :50~100/시험
작업부하	3~8회/주	5~10회/주	6~30회/주

관능검사는 관능검사를 하는 패널원도 중요하지만, 관능검사를 계획하고 실시하는 사람도 중요하다. 관능검사를 전담하는 사람의 업무는 질문서의 작성, 샘플의 조제 및 제공, 용기에 코딩, 데이터의 정리 및 통계분석, 패널원의 선정 및 훈련을 해야하기 때문에, 관능검사를 하는 데 필요한 지식과 지혜가 있어야 한다. 관능검사를 잘 실시하기 위해서 전담자는 식품과학, 화학, 통계처리, 제조공정, 심리학, 관능검사 방법 등에 관하여 교육·훈련을 받을 필요가 있다. 관능검사조직의 크기에 대한 예를 보면 표 5-2와 같다.

5. 관능검사 패널원의 선정과 훈련

관능검사에서 중요한 것은 판정의 감도(sensitivity)와 재현성(reproducibility)이라고 할 수 있다. 이 관능검사는 실험실에서는 검사원의 집단 즉, 패널(panel)에 의하여 수행된다.

패널이란 용어는 특정의 목적을 위하여 선발된 특정의 자격을 갖는 사람의 집합체를 말한다. 이때 패널을 구성하는 개인을 패널원(panel member)이라고 하며 패널의 구성원수(構成員數)를 패널의 크기라 한다.

5.1 패널원의 선발기준

패널원을 선발할 때의 기준을 열거하면 다음과 같다.

(1) 육체적 및 정신적으로도 건강해야 한다.

(2) 식품에 대한 편견과 선입관이 없어야하고 관능검사에 대하여 적극적이고 흥미를 갖는 사람이어야 한다.

(3) 검사 시 용이하게 시간을 낼 수 있어야 한다.

(4) 연령은 20~50세 전후가 좋으며 남녀의 차별을 둘 필요는 없다.

(5) 보통정도의 흡연자는 무방하나 과연자는 피하는 것이 좋다.

(6) 기호조사용 패널 경우는 직업, 생활정도, 지역 등을 고려해서 선발해야 한다.

(7) 정상적인 미각(味覺)과 후각(嗅覺)을 갖고 있어야 한다.

(8) 조직감 시험 시에는 의치(義齒)를 한 사람은 제외시킨다.

5.2 패널의 크기

패널의 크기는 시험목적에 따라서 다르나 그 크기를 적어보면 다음과 같다.

(1) 일상의 품질관리

일상의 품질관리에서 샘플의 특성차이를 식별하거나 특성을 평가 시에는 패널의 훈련정도에 따라 패널의 크기가 달라진다.

① 잘 훈련된 패널 : 5~8명

② 중간정도 훈련된 패널 : 10~15명

③ 덜 훈련된 패널 : 20~30명

(2) 소비자 기호조사

소비자의 기호조사 시험 시에는 조사규모에 따라 패널의 크기가 달라진다.

① 규모가 작을 때 : 50~100명

② 규모가 클 때 : 200명 이상

5.3 패널의 선정

패널 선정기준에 따라 대상자가 선정되면 감도시험(sensitivity test)을 실시하여 패널원을 선발하게 된다. 감도시험은 보통 네 가지 기본맛(단맛, 짠맛, 신맛, 쓴맛)에 대한 최소감미량(最小感味量)을 시험한다.

최소감미량이란 어떤 물질의 맛이 무엇인지 정확하게 인지될 수 있는 최소의 농도를 말한다. 시험용액은 화학적으로 순수한 설탕, 소금, 젖산 및 카페인으로 표 5-3과 같이 최소농도액 1번에서부터 최대농도액 14번까지를 만든 다음 농도가 약한 번호부터 강한 번호순으로 시험케 한다.

표 5-3. 네 가지 기본맛 시험용액표

맛구분		짠 맛	신 맛	쓴 맛	단 맛
재 료		소 금	젖 산	카페인	설 탕
분자량		58.45	90.08	194.19	342.30
용 액(0.1M)		저장용액 A 5.845 g/L	저장용액 B 9.008 g/L	저장용액 C 19.419 g/L	저장용액 D 34.230 g/L
번호	몰농도				
1	0.00005	0.5mℓA/L	0.5mℓB/L	0.5mℓC/L	0.5mℓD/L
2	0.0001	1mℓA/L	1mℓB/L	1mℓC/L	1mℓD/L
3	0.0002	2mℓA/L	2mℓB/L	2mℓC/L	2mℓD/L
4	0.0004	4mℓA/L	4mℓB/L	4mℓC/L	4mℓD/L
5	0.0008	8mℓA/L	8mℓB/L	8mℓC/L	8mℓD/L
6	0.0016	16mℓA/L	16mℓB/L	16mℓC/L	16mℓD/L
7	0.0032	32mℓA/L	32mℓB/L	32mℓC/L	32mℓD/L
8	0.0064	64mℓA/L	64mℓB/L	64mℓC/L	64mℓD/L
9	0.0128	128mℓA/L	128mℓB/L	128mℓC/L	128mℓD/L
10	0.0256	256mℓA/L	256mℓB/L	256mℓC/L	256mℓD/L
11	0.0512	2.994 g/L	4.612 g/L	9.943 g/L	17.526 g/L
12	0.1024	5.998 g/L	9.224 g/L	19.885 g/L	35.052 g/L
13	0.2048	11.976 g/L	18.448 g/L	39.770 g/L	70.103 g/L
14	0.4096	23.953 g/L	36.897 g/L	79.540 g/L	140.206 g/L

패널원에게는 네 가지 기본맛에 대하여 시험한다는 사실을 알려주되, 어느 맛을 시험할 것인지는 말하지 않는 것이 좋다. 이 때에 표 5-4와 같은 감도 시험표를 사용하면 된다. 이 감도시험결과 어떤 맛에 대하여 미맹(味盲)이 나타나면 패널에서 제외한다. 또한 최소감미량이 너무 높거나 너무 낮은 사람이 있으면 이것도 제외한다.

다음에는 패널원의 식별능력을 테스트한다. 테스트의 방법은 일정한 기준은 없고, 그 때의 형편에 따라서 적절한 방법을 택하면 된다. 다음에 냄새의 차이를 식별시켜 본다. 맛에 대하여 미맹이 있듯이 냄새에 대해서도 냄새를 식별하지 못하는 후맹(嗅盲)이 있다. 냄새시험에 이용되는 기준 물질은 정해진 것이 없으나 멘톨, 암모니아수,

알콜, 식초, 페놀 등을 솜에 묻이고 이것을 작은 시험관이나 후라스크에 넣고 코로 냄새를 맡아 어떤 냄새가 나는지를 알아보면 된다. 이 시험에서 후맹임이 발견되면 패널에서 제외한다.

표 5-4. 기본맛 감도시험표

성 명 ______________ 시험번호 ________________ 년 월 일 _____________

실시지침

1. 시험용액은 번호 1에서 번호 14까지이며 각 번호용액은 컵에 각각 약 5cc씩 주입되어 있다.
2. 물로 입을 잘 헹군다. 헹군 물은 의자 옆에 있는 용기에 버린다.
3. 시험용액 번호 1의 맛을 본다. 맛을 볼 때는 용액을 입속에서 휘둘러 혀의 전 표면이 젖도록 하여야 한다.
4. 맛을 본 결과를 다음과 같이 강도의 해당란에 기입한다.
5. 물로 다시 입을 헹구고 약 30초 기다린다.
6. 시험용액 번호 2의 맛을 번호 1과 같은 요령으로 시험 기록한다.
7. 이상과 같은 요령으로 번호 14까지 계속한다.

0…………아무 맛도 느끼지 않는다.
1…………대단히 희미하다.
2…………느낄 수 있다.
3…………쉽게 느낄 수 있다.
4…………강하다.
5…………대단히 강하다.

용액번호	1	2	3	4	5	…………	14
강 도							

A. 맛의 종류는? ________________

B. 이 맛이라는 것을 처음 알아 볼 수 있었던 용액번호는? ________________

5.4 패널의 훈련

실험실에서 활용하는 패널은 다음과 같은 목적에서 반드시 훈련시킬 필요가 있다.

(1) 샘플식품에 익숙케 하고 나아가서 그 식품에 대한 전문지식을 갖게 한다. 식품의 품질을 평가하려면 원료, 가공공정, 제품의 화학적 및 관능적인 특성을 충분히 아는 것이 좋다.
(2) 식품의 기호에 대한 지식을 준다. 기호성의 요소가 되는 맛, 냄새, 색깔, 조직감(texture) 등에 관한 기본지식을 교육시킨다.
(3) 관능검사 방법과 판단요령을 숙지시킨다. 차이식별의 여러 가지 방법의 특색, 순위법, 채점법, 기호 척도, 표현 용어 등을 주지시킨다.
(4) 합리적이고 안정된 판단기준을 확립시킨다. 관능검사에 있어서 차이식별이거나 질량적 평가이든 판단결과가 언제나 재현성이 있어야 한다. 패널원이 판정하는 요령은 될 수 있으면 표준샘플을 제시하여 익숙하게 한다.
훈련방식은 일정한 것이 없고 훈련기간도 수일에서 수개월 간에 걸쳐 초보적인 훈련, 전문가적인 훈련을 실시한다.

6. 관능검사의 환경

검사실의 환경은 판정에 영향을 주기 때문에 올바른 검사를 수행하기 위해서는 바람직한 환경이 되도록 설계, 시공 및 유지관리가 되어야 한다. 환경의 요소로서는 실내의 온도, 습도, 조명, 색채, 소음, 냄새 등이 있다.

6.1 검사실의 위치

정확한 검사를 수행하기 위해서는 검사실의 위치가 중요하다. 검사원 즉, 패널원의 대다수가 참여하기 편리하고 소음이 적은 곳이면 된다.

6.2 검사실의 설계

검사실에는 밀폐식(密閉式)과 개방식(開放式)이 있다. 밀폐식은 검사원 상호간에 의견 교환없이 독립적으로 개별실(個別室)에서 검사하는 것이고, 개방식은 여러 검사원이 서로 의견을 교환하면서 검사하는 방법이다. 관능검사는 개방식보다는 밀폐식으로 하는 경우가 대부분이다.

검사실은 검사를 준비하고 실시하는 데 불편함이 없도록 설계해야 한다. 일반적으로 실내는 샘플을 저장하고 조제하는 곳과 실제로 검사를 수행하는 곳으로 나누어 칸막이로 막아서 샘플을 조제 시에 발생하는 냄새가 패널에게 영향을 주지 않도록 한다.

또한 패널원이 차례를 기다릴 수 있는 대기실을 배치해둘 필요가 있다. 검사 시에는 안락한 의자에 앉아서 하도록 배려하고, 입안의 헹군 물을 버릴 수 있는 용기 또는 시설을 설치하는 것이 좋다. 샘플과 질문서는 여유있게 놓을 수 있는 충분한 공간을 갖도록 하고, 검사원 상호간의 영향과 혼란을 피하기 위하여 칸막이를 할 필요가 있다. 칸막이한 개별실에는 샘플을 밖에서 직접 제공할 수 있는 작은 문을 설치하도록 한다.

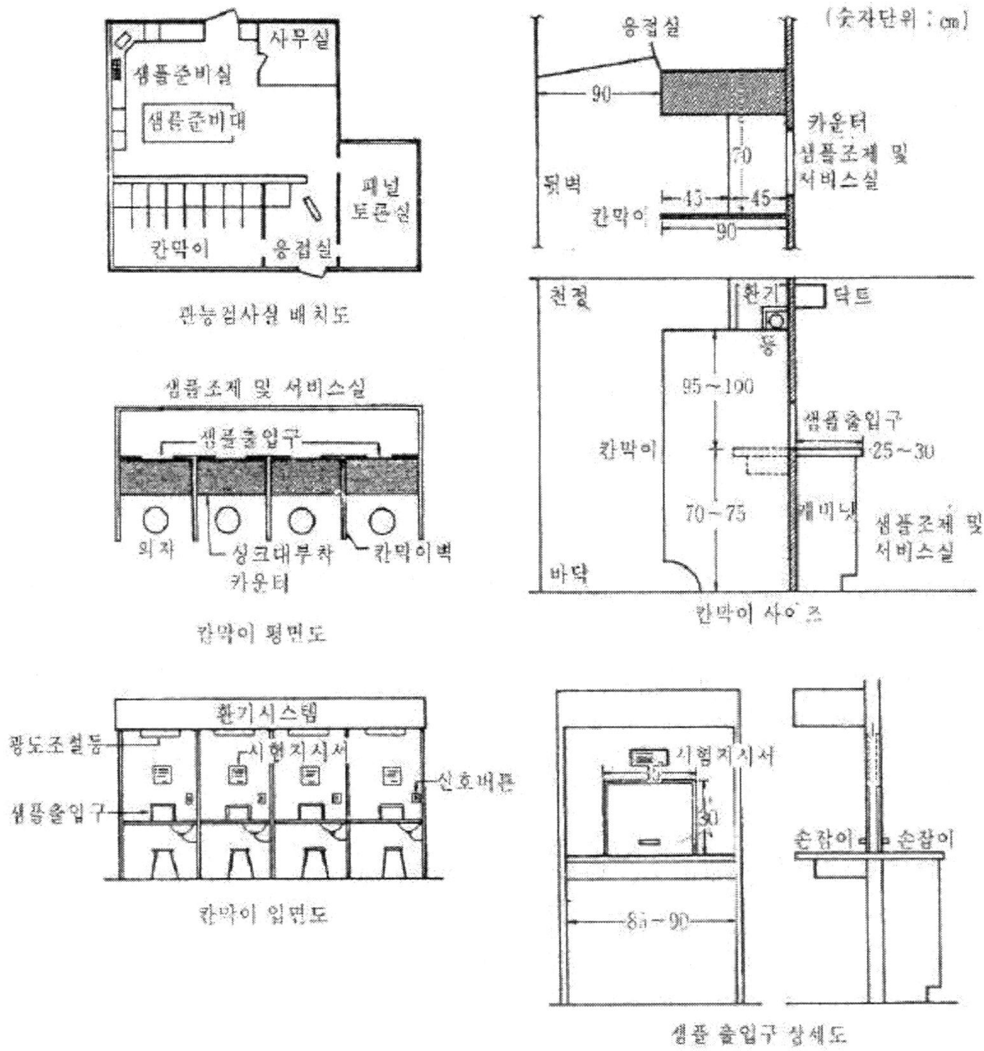

그림 5-2. 관능검사실 배치 및 내부시설 사례

소음은 검사의 정확도를 떨어뜨리기 때문에 소음이 있는 곳에서는 방음시설을 해야 한다. 보통 사용되는 관능검사실의 배치 및 내부시설 사례는 그림 5-2와 같다.

관능검사를 하는데 필요한 비품은 싱크대, 조리대, 냉장고, 저울, 저장캐비닛, 가스레인지, 전자레인지, 조리용구, 믹서, 열판(hot plate), 워터배쓰(water bath), 샘플조제용구, 샘플제공용 용기 등이 기본이나 업종에 따라서 거기에 필요한 설비가 추가된다.

6.3 냄새관리

냄새는 관능검사의 판정에 영향을 미치기 때문에 검사실에서 냄새가 나서는 아니된다. 따라서 검사실에 사용하는 건축자재나 비품은 냄새가 없는 것으로 선정하고, 샘플에서 발생하는 냄새는 환풍기로서 공기를 환기시켜 검사실에는 냄새가 없도록 유지관리해야 한다.

6.4 조명

대부분의 검사에는 특수한 조명시설이 필요하지 않고, 너무 어둡거나 밝아도 좋지 않으므로 적당한 조명을 유지해야 한다. 탁상광도가 50~100룩수(lx)정도 되면 좋다. 검사에 따라서는 예를 들면 색깔이 있는 샘플을 검사 시에 색깔차이에 따른 선입관을 없애기 위해 색깔 조절용 빨강, 파랑, 노랑 등의 색깔있는 전등을 설치하고, 광도를 조절할 수 있는 전기 장치를 설치하면 된다.

6.5 분위기

검사실은 검사원의 마음이 편하고 안정감을 줄 수 있는 분위기 조성이 필요하다. 즉, 검사실은 검사에 참여하는 것이 하나의 즐거움이 되도록 시설을 하고 운영해야 한다. 검사실의 바닥, 벽, 천정, 탁자는 적당하게 밝고 안정된 색깔로 도색하고 의자는 안락한 것을 배치한다. 실내의 온도와 습도는 쾌적한 상태로 유지되도록 온도는 22~25℃, 습도는 50~60%정도 되도록 유지한다.

7. 관능검사 샘플의 조제 및 제시

올바른 검사를 하기 위해서는 검사하고자 하는 샘플의 조제와 제시조건도 중요하다.

7.1 샘플의 채취

검사용 샘플의 채취는 검사하려는 제품을 대표할 수 있는 것을 채취해야 한다. 이것은 일반 화학분석용 샘플을 채취하는 방법과 동일하다.

7.2 샘플의 조제

검사용 샘플을 조제 시에는 검사 목적에 맞도록 준비해야 한다. 검사대상 제품은 제품 그 자체를 검사용으로 하거나 그렇지 않으면 조리나 희석 또는 다른 재료와 혼합해서 준비하는 경우가 있기 때문에, 실제로 소비자가 사용하는 방법을 잘 알고 그 방법대로 조제해야 한다.

7.3 샘플의 제시

샘플을 제시할 때에는 검사자가 선입관을 갖지 않도록 샘플의 양, 용기, 기구 및 샘플의 온도 등에 주의해야 한다.

(1) 외 양

시험하고자하는 샘플과 표준품 또는 대조품의 색깔과 외형은 동일하여야 한다. 만약 색깔, 모양, 외양이 다르면 판정에 오차를 가져온다. 색깔로 인해 오차가 발생될 우려가 있는 경우에는 색깔있는 등을 켜서 색깔차이를 모르도록 하고, 이러한 설비가 없을 때에는 안대나 색안경을 끼고 시험토록 한다.

(2) 샘플의 크기

샘플의 크기는 맛을 보는데 충분한 양이면 되나, 샘플과 대조품의 양은 같아야 한다. 샘플의 종류가 한꺼번에 많이 제시되면 검사원의 피로가 가중되기 때문에, 맛을 시험 시는 한번 검사 시 샘플의 수는 6종류 이내로 하도록 하되 2~3호 반복검사하는 것이 좋다.

(3) 샘플의 온도

사람의 미각은 대체적으로 15~30℃에서 예민하게 작용하며, 저온에서는 미각이 마비되고 고온에서는 둔해진다. 식품은 종류에 따라 그 식품에 적합한 온도가 있으므로, 이 온도에 맞추어 검사해야 한다. 그리고 같은 샘플이라도 온도가 달라지면 미각의 예민도가 달라지기 때문에 검사샘플의 온도는 일정해야 한다. 식품별 관능검사에 적합한 온도는 표 5-5와 같다.

표 5-5. 식품의 관능검사 적합온도

식 품 명	온도(℃)
쌀 밥	45
빵	20
된 장 국	70
스 프	70
아이스크림	-1~1
탄산 음료	7~10
우 유	7~10
쥬 스	7~10
버 터	20
식 용 유	45
마요 네즈	20
커 피	70
홍 차	70
맥 주	7~10
포 도 주	8~12 또는 20
청 주	8~12, 20 또는 55

(4) 샘플용기

사용하는 용기의 크기, 모양, 색깔 등은 모두 샘플·대조품과 동일하여야 하며, 특히 냄새가 없어야 한다. 샘플이 액체로 투명하지만 짙은 색이 있어서 색깔에 다소의 차이가 있을 경우에는, 내면이 검은 색의 용기를 이용하여 색의 차이를 직접적으로 느낄 수 없도록 한다.

(5) 기호(記號)

제시되는 샘플은 암호로써 기호를 붙이게 된다. 샘플의 기호는 판단에 영향을 미치는 것ㅇ르 막기 위해 난수표를 써서 100단위 숫자를 사용하는 것이 좋다. 난수표를 쓰는 것은 샘플의 품질특성과 관계없이 기호의 선입관에 영향을 받는 기호효과를 극소화하기 위하여 임의적인 숫자를 사용한다.

(6) 샘플제시 시기

식사 전 후의 공복 시나 만복은 피하는 편이 좋으며, 오전에는 10시 전 후 오후에는 3시 전 후가 바람직하다. 통상 식사 전 후 1시간 이내는 피하고, 담배를 피우는 사람은 관능검사를 하기 1시간 이내에는 흡연도 피한다.

(7) 제시순서

시료가 2개 이상일 때 샘플의 제시순서는 매우 중요하다. 검사원이 단순히 제시순서 때문에 틀리게 응답할 수도 있다. 이것이 「순위오차」이다. 또, 먼저 제시된 샘플 때문에 뒤의 샘플판정에 영향을 줄 수도 있다. 이것은 「대조효과」의 영향이다. 따라서 제시순서는 각 샘플이 전 후 같은 횟수로 제시되도록 균형을 맞추도록 하며, 큰 시험에서는 순서를 랜덤하게 배열한다.

또 3점 시험법 또는 순위법에서와 같이 샘플이 동시에 제시될 때에도 같은 문제가 제기되며, 이것을 「위치오차」라고 한다. 이때에도 배열로 균형을 맞춘다.

(8) 샘플의 수

한번 검사하는 데 샘플의 개수가 많아지면 검사원의 판단력이 피로해져서 정확성이 떨어진다. 한번에 검사할 수 있는 샘플의 개수는 검사하려는 제품의 종류와 검사방법에 따라 다르다. 식품의 풍미검사에는 다음과 같이 적용된다.

- 단일샘플법 : 3~4개
- 3점시험법 : 9개(3쌍)
- 2점대비시험법 : 6개(3쌍)
- 순위법 : 4~6개

(9) 검사지침

올바른 관능검사를 수행하기 위해서는 관능검사에 대한 상세한 지침이 필요하다. 맛을 보는 방법, 냄새를 맡는 방법, 씹는 방법 등에 대한 상세한 절차가 기록되어 있는 것이 지침이다. 지침의 내용은 검사하려는 제품의 종류와 형태에 따라 다르기 때문에, 해당식품의 품질특성에 알맞은 검사방법을 정해야 한다.

이 지침은 검사원을 교육 훈련시키는 데 반드시 필요하다. 교육훈련이 잘 되어 있고 경험이 많은 검사원에게는 지침이 필요 없으나, 훈련과 경험이 적은 검사원은 검사를 하기 직전에 다시 한 번 지침을 읽고 검사에 임하도록 하는 것이 정확한 검사관리 상 필요하다.

8. 관능검사실시사례

8.1 관능검사용 질문서 및 보고서 양식

관능검사를 할 때에는 관능검사방식에 알맞은 질문서 양식을 미리 만들어 두고, 시험 시 마다 관능시험요원에게 배포하여 그 결과를 기록토록 한다. 기록이 끝나면 다시 회수하여 통계 처리하게 된다. 이때 사용하는 질문서와 관능검사결과 보고서의 예는 다음과 같다.

(1) 2점 대비시험법의 질문서 예 : 표 5-6

(2) 1·2점 시험법의 질문서 예 : 표 5-7

(3) 3점 시험법의 질문서 예 : 표 5-8

(4) 기호척도법의 지질문서 예 : 표 5-9

(5) 순위법의 질문서 예 : 표 5-10

(6) 채점법의 질문서 예 : 표 5-11

(7) 관능검사결과 보고서 예 : 표 5-12

8.2 관능검사 결과의 해석

관능검사원을 활용하여 얻어진 결과는 반드시 해석하는 과정을 거치게 된다. 관능검사에서 올바른 데이터가 나와도 그것을 해석하는 방법이 잘못되면 올바른 결론을 얻어내기가 어렵다. 특히, 검사원의 수가 적을 때는 더욱 그렇다. 따라서 정확한 검사를 위해서는 잘 훈련된 패널을 써서 목적에 맞는 검사방법을 선택하여 시험하고, 그 결과를 올바로 해석하는 것이 중요하다. 검사결과의 해석은 주로 통계처리를 하여 보편타당성 있는 결론을 내는 데 필수적인 것이다.

미국의 주요 식품회사 56사를 대상으로 하여 신제품 개발 시에 이용되는 관능검사방법과 검사결과의 해석에 이용하는 통계적 방법에 대해 조사한 결과를 보면, 가장 많이 이용하는 평가방법은 3점 시험법, 기호척도시험법, 2점 대비시험법, 단일샘플법 등의 순으로 나타났고 관능검사 데이터의 해석 시 이용하는 통계방법은 t검정, 분산분석, x^2 검정이 많이 이용되고 있는 것으로 나타났다(표 5-13, 표 5-14).

여기서는 일반적으로 많이 쓰이고 통계에 대하여 깊은 지식이 없는 사람도 간단히 사용할 수 있는 관능검사 실례와, 그 결과의 해석법에 대해 열거한다.

표 5-6. 2점대비시험법의 질문서 예

2점 대비시험 질문서

1. 성　명
2. 일　시
3. 품　명
4. 설　명

① 복숭아 통조림 두 개 사이에 단맛의 차이가 있는지 없는지를 평가하십시오. 왼쪽에 있는 샘플을 먼저 맛을 보신 다음 나머지 샘플을 시식 후 어느 쪽인가를 지적하십시오(해당란에 0표).

차이가 없다	
차이가 있다	0

② 차이가 있을 경우 귀하는 어느 것을 더 좋아 하십니까?

샘플기호	해당란에 0표
524	
631	0

③ 의　견

2점 대비시험결과 집계표

패 널 원	0 표지 적		비 고
	524	631	
P_1	0		
P_2	0		
:			
:			
:			
$P_{3\ 1}$		0	
P35		0	
합　계	22	13	35회 중 22회 524번 지적

표 5-7. 1·2점 시험법의 질문서 예

1·2점 시험 질문서

1. 성　명
2. 일　시
3. 품　명
4. 설　명

귀하의 앞에 놓여 있는 쟁반에는 표준샘플이라고 표시된 대조샘플과 번호가 쓰여 있는 2개의 샘플이 있다. 한 샘플은 표준샘플과 같고 다른 하나는 다르다.
먼저 표준샘플을 시험한 다음 두 개의 샘플을 시험하여 표준샘플과 동일한 샘플에 0표 하십시오

샘플기호	표준샘플과 같은 것
461	
537	0

1·2점 시험결과 집계표

패 널 원	0 표지 적		비 고
	524	631	
P_1	0		
P_2		0	
:			
:			
:			
:			
P15		0	
합　계	2	13	15회 시험중 13회 537번 지적

표 5-8. 3점 시험법의 질문서 예

3점 시험질문서

1. 성　명
2. 일　시
3. 품　명
4. 설　명

① 제시된 3개의 샘플 중 두 개는 동일하고 나머지 한 개는 다릅니다. 시식 후 다른 것을 지적하십시오.

샘플기호	다른것에 0표
641	
357	0
486	

② 두 가지 샘플 사이의 차이정도를 나타내시오
약하다(　) 강하다(　)
보통이다(　) 대단히 강하다(　)

③ 기호성
동일샘플을 더 좋아한다(　)
다른샘플을 더 좋아한다(　)

④ 의　견

3점 시험결과 집계표

패 널 원	0 표지 적		비 고
	동일샘플	다른샘플	
P_1	0		
P_2	0		
P3	0		
:			
:		0	
P25	0		
합　계	18	7	총 25회 중 18회 동일샘플 지적

표 5-9. 기호 척도법의 질문서

기호 척도법 질문서

1. 성　명
2. 일　시
3. 품　명
4. 설　명

제시된 각 샘플의 맛을 보아 그 샘플에 대해 좋다 싫다의 정도를 가장 잘 나타내는 9단계의 기호척도의 해당위치에 0표 하십시오.

구 분 \ 샘플기호	929	113	705
1. 가장 좋다			0
2. 대단히 좋다		0	
3. 보통으로 좋다	0		
4. 약간 좋다			
5. 좋지도 싫지도 않다			
6. 약간 싫다			
7. 보통으로 싫다			
8. 대단히 싫다			
9. 가장 싫다			
이 유			

표 5-10. 순위법의 질문서 예

순위법 질문서

1. 성　명
2. 일　시
3. 품　명
4. 설　명

4개의 샘플에 대해 단맛을 시험하고 순위를 정하시오. 가장 단맛이 강한 것을 1번, 두 번째 단맛이 있는 것을 2번, 세 번째로 단 것을 3번, 가장 단맛이 없는 것을 4번의 순위로 매기시오.

단맛의 순위	샘플기호
1	
2	
3	
4	

표 5-11. 채점법의 질문서 예

채점법 질문서

1. 성　명
2. 일　시
3. 품　명
4. 설　명

제시된 각 유산균음료를 마셔보아 맛에 대한 평가를 하여, 샘플의 맛에 대한 귀하의 의견을 가장 잘 묘사한 곳에 √표를 하시오.

	샘플기호			
	461	395	617	503
가장 좋다 (9점) 대단히 좋다 (8점) 보통으로 좋다 (7점) 약간 좋다 (6점) 좋지도 싫지도 않다 (5점) 약간 싫다 (4점) 보통으로 싫다 (3점) 대단히 싫다 (2점) 가장 싫다 (1점)				

표 5-12. 관능검사결과 보고서 예

官能檢査結果報告書

20　년　월　일

/ /	/	/	/

1. 샘　플　명	
2. 목　　적	
3. 실 시 일 자	20　年　月　日　時
4. 장　　소	
5. 검　사　원	
6. 샘플조제방법	
7. 관능검사방법	
8. 검 사 결 과	
9. 판 정 결 과	
10. 비　　고	
11. 첨 부 자 료	· 질문서　　· 검사자료집계표　　· 검사결과의 분석

표 5-13. 관능검사방법 이용빈도(미국 주요 식품제조 56개사)

사 용 방 법	수	%
3점 시험법	37	66
기호척도 채점법	32	57
2점대비시험법	31	55
단일샘플법	25	45
다중대비시험법	20	36
선택시험	19	34
순위법	18	32
채점법	14	25
1·2점 시험법	7	12
기타	10	18

표 5-14. 통계적 방법 이용률

사 용 방 법	%
t 검정	55
분산분석	47.5
x^2 검정	40
Kramer 순위검정	10
Duncan의 다법위 검정	10
F 검정	10

(1) 2점 대비시험법

예 1) 소금의 수용액은 5%정도의 상대 농도차에는 짠맛의 차이를 관능적으로 식별할 수 있으나, 된장국과 같은 여러 가지 성분이 들어있는 경우에도 똑같은 농도차로서 식별할 수 있는가를 조사하기 위해서 2점 대비시험법으로 관능검사를 실시하였다. 즉, 소금농도 1&의 된장국과 1.05%의 된장국에 대하여 50명의 패널에게 시식시킨 결과, 소금농도 1.05%의 된장국이 짠맛이 강하다고 한 사람이 33명이었다. 1%와 1.05%의 된장국은 짠맛의 차이가 있다고 할 수 있겠는가?

해설) 부표 6(2점 대비시험법의 유의 검정표)으로부터 n=5의 난을 볼 때 유의수준

5%에서는 32명이면 유의차이가 있는 것으로 되어 있으나, 시험결과는 33명이므로 5%의 유의수준(위험률)에서 유의차가 있다. 따라서 1&와 1.05%의 된장국에서는 위험률(또는 유의수준) 5%에서 짠맛의 차이가 있다고 말할 수 있다.

예 2) 멸치맛을 내는 조미료의 효과를 알아보기 위해서 멸치에 물을 넣어 우려낸 국물과 멸치맛을 내는 조미료를 사용한 국물을 만들고 어느 것을 선호 하는가를 20명의 패널을 동원하여 2점 대비시험법에 의해 외관, 향, 멸치맛, 전체적인 평가에 대해 기호에 맞는 것을 택하도록 시험하여 다음과 같은 결과를 얻었다. 기호차이가 있다고 할 수 있겠는가?

항 목	기 호 도 수	
	멸치국물	멸치맛조미료
외 관	12	8
향	11	9
멸 치 맛	8	12
종합평가	10	10

해설) 부표 6의 n=20의 난을 보면 유의수준 5%에서는 15명이면 유의차이가 있는 것으로 되어 있으나, 시험결과는 각 항목에 대하여 12, 11, 8, 10이므로 5%의 위험률에서는 각 판정항목 모두 유의차이가 없다. 이 결과로부터 멸치로서 멸치국물을 만든 것과 멸치맛을 내는 조미료를 사용해서 만든 것과는 외관, 향, 맛 및 종합평가에서 위험률 5%에서 기호차이가 없다고 말할 수 있다.

(2) 1·2점 시험법

메치오날향(methional)이 체다치즈에 0.236ppm과 0.250ppm으로 첨가되었을 때 감지될 수 있는가를 알아보기 위해서 1·2점 시험법이 이용되었다. 각 쟁반에 R로 표시된 대조샘플과 2개의 기호가 표시된 샘플(메치오날향이 첨가된 것과 첨가되지 아니한 것)이 있다.

1·2점 시험법은 8명의 패널을 이용하여 이틀 계속하여 실시되었으며, 패널은 매일 두 개의 쟁반(하나는 0.125ppm 다른 하나는 0.250ppm의 메치오날향이 첨가된 것)을 제시받았다.

이 시험은 각 수준에서 총 16회의 판정이 이루어 졌으며, 그 결과는 다음과 같다.

패 널	첫 날		둘째날	
	0.125ppm	0.250ppm	0.125ppm	0.250ppm
1	X	R	R	R
2	R	R	R	R
3	X	R	X	R
4	R	X	X	R
5	R	R	R	R
6	X	R	X	X
7	R	R	R	R
8	R	R	R	R
계(정답)	5	7	5	7

X=오답

R=정답

0.125ppm : 16회 시험 중 10회 정답

0.250ppm : 16호 시험 중 14회 정답

해설) 부표 7(1·2점 시험법 유의 검정표)에서 n=16의 난을 보면 유의수준 5%에서는 12회, 유의수준 1%에서는 14회면 각각 유의차이가 있는 것으로 되어 있으나, 시험결과는 0.125ppm이 10회 0.250ppm이 14회이므로 0.125ppm에서는 유의수준 5%에서도 유의차이가 없고, 0.250ppm에서는 유의수준 1%에서도 유의차이가 있다. 결론은 체다치즈에 첨가된 메치오날향은 0.250ppm에서는 위험률 1%에서 감지될 수 있었으나, 0.125ppm에서는 위험률 5%에서 감지할 수 없다고 말할 수 있다.

(3) 3점 시험법

예 1) 수입쇠고기와 국내쇠고기의 양자사이에 맛의 차이가 있는가를 조사하기 위해서 3점 시험법을 적용하여 패널 30명에게 관능검사를 실시한 결과 다음과 같은 결과를 얻었다. 수입쇠고기와 국내쇠고기의 맛은 차이가 있다고 할 수 있겠는가?

조 합	n	정답자
(A, B, B)	15	4
(A, A, B)	15	6
계	30	10

수입쇠고기 : A

국내쇠고기 : B

해설) 부표 8(3점 시험법 유의 검정표)의 n=30란을 볼 때 15 이상이면 유의수준 5%에서 유의차가 있으나, 실험결과의 정답자는 10명이므로 수입과 국내 쇠고기 사이에는 유의차가 없다. 즉, 수입쇠고기와 국내쇠고기 사이에는 유의수준(또는 위험률)5%에서 맛 차이가 없다고 말할 수 있다.

예 2) A, B 두 조건에서 가공된 감자 플레이크(potato flake)사이에 차이가 있는지를 알아보기 위해서 3점 시험법이 사용되었다. 샘플은 12명의 패널에게 기호를 붙인 접시로 제공되었다. 각 패널은 3개의 기호가 붙은 샘플을 받았다. 즉, 6명의 패널은 A조건에서 가공된 두 개의 샘플과 B조건에서 가공된 한 개의 샘플을 제공받았고, 나머지 6명의 패널은 A조건에서 가공된 한 개의 샘플과 B조건에서 가공된 두 개의 샘플을 받아 시험하였다. 3개의 샘플의 순서는 각 패널에게 임의로 하였고, 각 패널이 샘플의 맛을 보는 순서는 질문서에 지시되었다. 시험결과를 집계한 결과 9명이 A샘플을 선호하고 3명이 B샘플을 선호했다. 샘플 A, B사이에 차이가 있다고 할 수 있겠는가?

해설) 부표 8에서 12회 시험 시 유의수준 5%와 1%에서 정답횟수가 각각 8회, 9회이면 유의한 것으로 되어 있고, 시험결과는 12회 중 9회가 정답이므로 유의수준 1%에서도 차이가 있는 것으로 나타났다. 즉, 결론은 두 조건에서 가고된 샘플사이에는 차이가 있다고 말할 수 있다.

(4) 순위법

예 1) 스파게티의 최적 삶는 시간을 결정하기 위해서 3수준의 삶는 시간을 설정하고, 순위법을 채용하여 패널 10명을 대상으로 관능검사를 실시하여 씹는 촉감(觸感)이 좋은 순위를 붙이도록 한 결과는 다음과 같다.

샘플 \ 패널	1	2	3	4	5	6	7	8	9	10	순위합계
A	3	3	3	3	3	1	2	3	2	3	26
B	1	1	2	1	2	2	1	1	1	1	13
C	2	2	1	2	1	3	3	2	3	2	21

A = 끓는 물중에 스파게티를 투입하고 다시 끓기 시작한 후 10분간 삶은 후 곧 꺼내어 실온까지 방냉한 것

B = 동상(同上)에서 16분간 삶은 것

C = 동상(同上)에서 25분간 삶은 것

해설) 각 샘플에 주어진 순위합계의 값이 부표9에 나타난 범위밖에 있으면 유의하다. 부표 9(Kramer의 점검표)로부터 패널 10, 실험샘플 3일 때 순위합계가 15~25를 벗어나 있으면 유의수준 5%에서 유의차가 있으나, 실험결과로 볼 때 B의 순위합계 13 및 A의 순위합계 26이 범위밖에 있기 때문에 삶는 시간 16분의 것은 유의차가 있다. 따라서 스파게티의 최적 삶는 시간은 16분 전 후라고 말할 수 있다.

예 2) 4종류의 감미제를 사용해서 만든 과실음료의 단맛을 비교하기 위해서 순위시험법이 사용되었다. 8명의 패널이 질문서에 따라 순위를 정했다. 패널이 정한 순위는 아래와 같다.

패널 \ 샘플	A	B	C	D
1	4	2	1	3
2	4	3	1	2
3	3	1	2	4
4	3	2	1	4
5	4	1	2	3
6	4	3	1	2
7	4	2	1	3
8	4	1	2	3
순위합계	30	15	11	24

해설) 순위합계는 Kramer등이 만든 표의 값과 비교한다. 부표9에서 4개의 샘플과 8명의 패널이 있을 때 순위합계가 13~27을 벗어나 있으면 통계적으로 유의수준 5%에서 유의차이가 있다는 것을 나타낸다. 샘플 C의 순위합계 11은 13보다 작고, A의 순위합계 30은 27보다 크므로 유의차이가 있다. 즉 결론은 샘플C는 샘플A보다 유의수준 5%에서 더 달다고 말할 수 있다.

(5) 채점법

5개 회사에서 시판되고 있는 유산균음료의 풍미를 알아보기 위해서 제조일자가 거의 비슷한 제품을 구입, 채점법을 적용하여 패널 10명에게 관능검사를 실시하여 다음과 같은 결과를 얻었다. 유산균음료의 풍미는 차이가 있다고 할 수 있는가?

패널별 5개 샘플의 채점결과

(9점 만점으로 평가)

샘플 / 패널	B1	B2	B3	B4	B5
A1	6	8	9	8	7
A2	7	7	9	8	9
A3	8	8	9	7	6
A4	7	9	9	8	7
A5	9	8	8	6	7
A6	7	6	9	8	9
A7	9	7	8	6	9
A8	9	8	7	6	7
A9	7	9	9	8	6
A10	8	7	9	6	9

해설) 분산분석으로 해석하기 위해서 데이터를 정리해 보면

	B1	B2	B3	B4	B5	TA
A1	6	8	9	8	7	38
A2	7	7	9	8	9	40
A3	8	8	9	7	6	38
A4	7	9	9	8	7	40
A5	9	8	8	6	7	38
A6	7	6	9	8	9	39
A7	9	7	8	6	9	39
A8	9	8	7	6	7	37
A9	7	9	9	8	6	39
A10	8	7	9	6	9	39
TB	77	77	86	71	76	387

TA : 각 행의 합계　　TB : 각 열의 합계

① 총 제곱의 합

$$S_T = \sum x^2 - \frac{(\sum x)^2}{n}$$

$$= 3053 - \frac{149,769}{50} = 3053 - 2995.38 = 57.62$$

② 패널 간 제곱의 합

$$S_A = \frac{\sum T_{A^2}}{\ell} - CT$$

여기서 T_A는 각 행의 합계, ℓ은 B의 수준수

$$S_A = \frac{(38)^2 + (40)^2 + \cdots + (39)^2}{5} - CT$$
$$= \frac{14,985}{5} - 2995.38 = 1.62$$

③ 샘플 간 제곱의 합

$$S_R = \frac{\sum T_{B^2}}{K} - CT$$

여기서 T_B는 각 열의 합계, k는 A의 수준수

$$S_B = \frac{(77)^2 + (77)^2 + (86)^2 + (71)^2 + (76)^2}{10} - CT$$
$$= \frac{30,071}{10} - 2995.38 = 11.72$$

오차의 제곱의 합

$$S_E = S_T - S_A - S_B$$
$$= 57.62 - 1.62 - 11.72 = 44.28$$

총 자유도 ϕ_T=n−1=50−1=49

패널간 자유도 ϕ_A=k−1=10−1=9

샘플간 자유도 ϕ_B=ℓ−1=5−1=4

오차 자유도 ϕ_E=(k−1)(ℓ−1)=(10−1)(5−1)=36

이상의 계산결과를 정리하여 분산분석표를 만들면 다음과 같다.

요 인	제곱의합	자 유 도	불편분산	분 산 비	F 표 값
패널간	1.62	9	0.18	0.15	2.15(5%) 2.96(1%)
샘플간	11.72	4	2.93	2.38	2.64(5%) 3.90(1%)
오 차	44.28	36	1.23		
계	57.62	49			

얻어진 분산비의 값을 부표5(F표)에서 F(ϕ_{A}, ϕ_{E}: α) 및 F(ϕ_{B}, ϕ_{E}: α)의 값과 비교하여 분산비의 값이 α=0.05의 표의 값보다 크면 유의 α=0.01의 표의 값보다 크면 고도로 유의하다. 그러나 여기서는 부산비의 값이 F표의 값보다 작으므로 샘플간(회사별 유산균 음료 제품)이나 패널간에는 α=0.05에서 유의적인 차이가 없다.

즉, 결론은 5개회사에서 생산되는 유산균음료사이에는 유의수준 5%에서 풍미의 차이가 없다고 말할 수 있다.

(6) 기호척도법

예) 효모엑기스를 제조 시 자기분해(autolysis)조건에 따라 쓴맛에 차이가 난다. X, Y, Z 세 조건에서 만들어진 효모엑기스 제품에서 쓴맛의 차이가 있는지를 알아보기 위하여 기호척도법을 사용하였다. 각 제조조건에서 만들어진 효모엑기스 샘플은 기호를 붙여 12명의 패널에게 제공하여 시험하였다. 쓴맛의 정도는 0점에서 5점으로 나누었다. 즉,

쓴맛이 전혀 없음	0
쓴맛이 있는듯 함	1
쓴맛이 약간 있음	2
쓴맛이 있음	3
쓴맛이 강한 편임	4
쓴맛이 대단히 강함	5

평가 결과는 아래와 같다.

패 널	샘 플			합 계
	X	Y	Z	
1	3	0	1	4
2	2	2	2	6
3	3	1	2	6
4	1	1	0	2
5	3	1	3	7
6	2	1	1	4
7	3	2	2	7
8	2	0	1	3
9	3	1	2	6
10	4	2	3	9
11	1	1	0	2
12	2	2	2	6
합 계	29	14	19	62

해설) 분산분석으로 해석하기 위해서 데이터를 정리해 보면

① 총 제곱의 합

$$S_1 = \Sigma x^2 - \frac{(\Sigma x)^2}{n} = 142 - \frac{3844}{36} = 142 - 106.78 = 35.22$$

② 패널 간 제곱의 합

$$S_A = \frac{\Sigma T_{A^2}}{\ell} - CT$$

여기서 T_A는 각 행의 합계, ℓ은 열의 수준수

$$S_A = \frac{4^2+6^2+6^2+2^2+7^2+4^2+7^2+3^2+6^2+9^2+2^2+6^2}{3} = 106.78 = 17.22$$

③ 샘플 간 제곱의 합

$$S_B = \frac{\Sigma T_{B^2}}{k} - CT$$

여기서 T_B는 각 열의 합계, k는 행의 수준수

$$S_B = \frac{29^2+14^2+19^2}{12} - 106.78 = 9.72$$

오차의 제곱의 합 :

$$S_E = S_T - S_A - S_B$$
$$= 35.22 - 17.22 - 9.72 = 8.28$$

총 자유도 ϕ_T=n-1=36-1=35

패널간 자유도 ϕ_A=k-1=12-1=11

샘플간 자유도 ϕ_B=ℓ-1=3-1=2

오차 자유도 ϕ_E=(k-1)(ℓ-1)=11×2=22

이상의 계산결과를 정리하여 분산분석표를 만들면 다음과 같다.

요 인	제곱의합	자 유 도	불편분산	분 산 비	F 표 값
패널간	17.22	11	1.57	4.13	2.26(5%) 3.19(1%)
샘플간	9.72	2	4.86	12.79	3.44(5%) 5.72(1%)
오 차	8.28	22	0.38		
계	35.22	35			

분산비의 값이 F표의 값보다 크므로 패널간, 샘플간이 α=0.05, α=0.01에서 유의적인 차이가 있다.

즉, 결론은 세 조건에서 만들어진 효모 엑기스 사이에는 유의수준 1%에서 쓴맛의 차이가 있다고 말할 수 있다.

제2장

가공식품의 공정관리

제 1 절 공정관리를 위한 관리도의 기초수법

1. 관리도의 역사

관리도(control shart)라는 말은 1924년에 당시 Bell Telephone Laboratories에 근무하던 슈하르트(Shewhart)박사에 의하여 처음으로 사용되었다. 슈하르트박사는 1931년 『Economic Control of Quality of Manufactured Products』라는 책을 출간하였는데, 이 책은 오늘날 많은 나라에서 사용하고 있는 관리드의 기초가 된다.

영국에서는 1932년에 슈하르트 박사를 초청하여 통계적인 방법을 공업분야에 응용하려는 움직임이 높아졌으며, 1933년에 피어선(E.S Pearson)박사의 The Application of Statistical Method to Industrial Standardization and Quality Control을 영국 규격 BS600으로 제정하여 품질관리를 보급시켰다. 제2차 세계대전이 시작되면서 일정한 규격의 다량의 군수품을 급속히 보급할 필요가 생기게 되고, 미국에서는 국가에서 군수품을 구입할 때는 통계적 샘플링 검사를 실시할 것과 군수 공장에 대하여는 통계적 품질 관리를 실시케 할 것을 국가의 방침으로 결정하였다. 이를 위하여 미국 규격 협회(American National Standards Institute)에서 Control Chart Method of Analyzing Data와 Control Chart Method of Controlling Quality during Production 등의 규격 원안이 작성되어 발표되었다. 이로써 슈하르트 박사에 의하여 창시된 관리도법은 이들 규격에 의하여 체계화 되었다고 할 수 있다. 관리도가 일본에 소개된 것은 1942년 피어선의 저서 『대량 생산 관리의 통계적 수법』이 번역 출판되면서 시작되었다. 이에 자극을 받아 일부 공장에서나 통계학자 등이 이에 대한 연구를 시작하고 수리 통계학의 공업 분야 응용이 적극적으로 추진되었다. 1954년에는 일본국가규격으로 JIS Z 9021(관리도법)이 제정되고, 그 후 지금에 와서는 JIS Z 9022(메디안 관리도), JIS Z 9023(x관리도)이 제정되어 지금에 와서는 대기업은 물론 중소기업에 이르기까지 여러 분야의 업종에서 활용되고 있다. 관리도가 우리나라에 도입된 것은 1950년대 후반에서 60년대 초에 일부공장에서 JIS Z 9021에 의한 관리도의 응용을 시도한 것으로 본다. 그리고 1961년 9월에 공업표준화법이 공포되고 이에 의한 KS표시 허가 제도의 실시와 1963년 5월에 한국공업규격으로 KS A 3201(관리도법)이 제정되어, 한국규격협회 등 관계기관에서 강습회를 통하여 이를 지도 보급함으로써, KS표시 허가 공장을 중심으로 일반생산 공장에 파급되어 공장 관리의 수단으로 응용하기에 이르렀다.

2. 관리도의 개요

1) 관리도란 ?

식빵의 경우 무게(g), 수분(%), 맛, 구어진 정도 또는 불량률과 같이 공정(工程)에서 생산되는 물품에는 여러가지 품질특성이 있다. 이러한 여러가지 품질 특성 중에서 적절한 항목을 선택하여 측정하면, 그 데이터는 공정 상태의 지표(指標, 자, 눈금)로 삼을 수 있다.

예를 들면, 어떤 물품의 제조공정 상태를 파악하기 위해서 공정에서 무작위(無作爲)로 매일 50개의 시료를 취하고, 그중에 포함되어 있는 불량품의 수라는 특성에 관한 데이터를 취한 후 즉, 표 1과 같이 되었다.

표 1. 테이터표 (시료 50개 중의 불량품수)

날 짜	1	2	3	4	5	6	7	8	9	10	11	12	13	14	15	16	17	18	19	20	21	22	23	24	25
불량품수	3	2	5	0	4	0	1	1	0	3	7	1	2	2	3	2	3	2	1	4	3	5	0	3	1

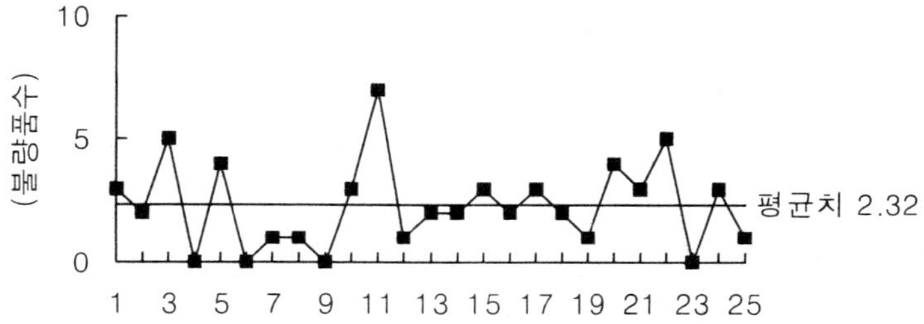

그림 1. 불량품수의 꺽은선 그래프

이 데이터표 자체로는 공정상태를 잘 파악할 수 없으므로, 이를 그림 1과 같이 꺾은선 그래프로 표시했다. 이 꺾은선 그래프에 표시된 불량품 수를 통해서 데이터의 점이 이동함에 따라 공정상태는 시간적으로 변동하고 있으며(산포), 50개의 시료 중에는 평균 2~3개의 불량품이 포함되어 있음을 알 수 있다. 그런데, 똑같은 원료를 써서 똑같은 제조조건으로 제조하면 똑같은 품질의 물품이 되는 것은 과학의 근본원리이다. 그러나, 똑같은 품질의 물품이 되는 것은 거의 없다. 즉, 데이터는 산포하는 것이다. 데이터가 산포한다는 것은 원인(原因) 자체가 동일하지 않음을 표시한다. 데이터를 산포시키는 원인에 우리들이 아무리 노력해도 제거할 수 없는 우연원인(偶然原因)과 제거하려고 생각하면 제거할 수 있는 이상원인(異常原因)이 있다. 25일간의 데이터의 산포는 피할 수 없는 우연원인에 의해서 생긴 것인지, 제거하려고 노력하면 제거할 수 있는 이상원인에 의해서 생긴 것인지 알 수 없다. 만일, 이상원인에 의해서 생긴 산포라면, 그 이상원인을 규명해서 이를 제거하기 위한 조처가 공정에 대해서 취해지지 않으면 않된다.* 한편, 우연원인에 의해서 생긴 산포라면 공정에 대해서 조처를 취할 필요가 없다. 공정에 이상이 없는데도 성급하게 공정에 대해서 불필요한 조처를 취하면 오히려 공정을 혼란시키게 된다. 그래서 우연원인에 의한 산포인지, 이상원인에 의한 산포인지의 판정을 우리들은 관리도로서 알아보는 것이다. 관리도는 통계학의 도움을 받아 특성치(데이터)가 이 정도의 산포라면 피할 수 없는 우연원인에 의한 산포라고 할 수 있으므로, 공정은 관리상태**(안정상태)에 있다고 판정하라든지, 한편 이와 같은 산포는 피하려면 피할 수 있는 이상원인에 의한 산포라고 할 수 있으므로 공정에 이상이 있다고 판정하라는 등의 정보를 우리들에게 제공해 준다. 관리선(管理線)***으로 나타낸 일종의 꺾은선 그래프이다.

---

* 불량품이 있어도 좋다는 것은 아니다. 검사에 의해서 불량품을 제거하여 양호품만 남게 한다는 것이 아니라 공정에서 처음부터 불량품을 만들지 않게 하려면 불량품의 수를 지표로 해서 공정의 해석과 관리를 되풀이하여 그 결과로서 불량품을 퇴치하는 것이다. 이 과정에서 평소보다 불량품이 특히 많거나, 또는 특히 적은 것이 이상원인에 의한 것이라고 생각하나, 이상인지 아닌지는 관리도에 의해서 판정하는 것이다.

** 관리상태(안정상태라는 것)란 데이터를 산포시키는 원인이 우연원인 뿐으로 이상원인은 존재하지 않는다고 생각하는 상태를 말한다. 관리도를 제안한 W.A.Shewhart 박사는 『과거의 경험에 의해서 어떤 현상이 장차 어떻게 산포할 것인가에 대하여 어느 한계를 제시함으로써 예측할 수 있을 때, 이 상태를 관리되어 있다고 한다』라고 설명하고 있다.

*** 관리선에는 다음 3개의 선이 있다.
관리상한 (UCL이란 기호로 나타낸다.)
중 심 선 (CL이란 기호로 나타낸다.)
관리하한 (LCL이란 기호로 나타낸다.)

앞에서 만든 불량품 꺾은선 그래프(그림 1)에 관리선을 기입하여 관리도를 만들면 그림 2와 같이 된다.

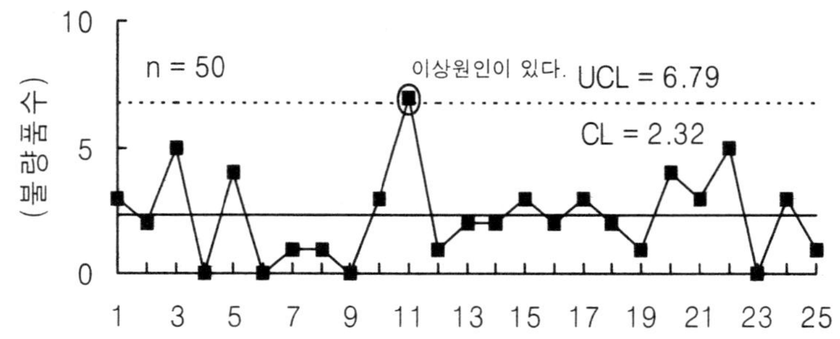

그림 2. 불량품수의 관리도

이 관리도(그림 2)에 의하면 점의 배열상태에는 특별히 눈에 띄는 습관은 없으나, 11일째에는 불량품 갯수가 7개이며, 관리상한(UCL) 밖에 타점되어 있다. 이는 11일째에는 공정에 무언가 이상원인이 있음을 나타내며, 이날의 공정에는 이상이 있었다고 판정되므로 이상원인의 추구, 이상원인의 제거라는 조치를 취하지 않으면 안된다.

2) 관리도에 의한 품질관리의 기본적인 추진방법

공정상태의 지표인 데이터를 가지고 관리선을 기입한 일종의 꺾은선 그래프, 즉 관리도를 만들어 그 관리도 상에 찍힌 점의 위치와 배열상태에 이상이 있으면 그 이상상태를 일으킨 근본원인(이상원인)을 추구하여 이상원인이 발견되면 그 이상이 두번 다시 일어나지 않도록(재발방지) 이상의 원인을 제거하는 조치를 취해서 공정을 관리상태로 회복시킨다. 그 결과로서 공정에서 생산된 물품의 품질을 관리하는 것이 관리도에 의한 품질관리의 기본적인 추진방법이다. 즉, 다음의 세 항목으로 요약할 수 있다.

① 데이터를 관리도에 나타낸다.
② 관리도에 의해서 공정의 상태를 파악한다.
③ 공정이 이상이면 이상원인을 규명해서 이상원인을 제거하는 조치를 취한다.

이상과 같이 공정을 관리하여 관리된 공정에서 제조되는 물품의 품질을 관리하는 것이다. 이와같은 관리는 제조된 물품중의 불량품을 선별 제거하는 조치, 즉 검사와도 다르며, 또 반응온도라는 결과를 보면서 히터를 끄거나 넣는 등의 조치, 즉 조절과도 다르다.

3) 관리도 사용목적에 따른 종류

관리도는 공정의 해석과 관리에 쓰인다. 공정관리를 잘 하려면 우선 공정의 해석을 하여야 한다. 공정해석에 쓰이는 관리도를 해석용 관리도, 공정관리에 쓰이는 관리도를 관리용 관리도라 한다. 관리도는 그 사용목적에 따라 해석용과 관리용 외에 조절용 관리도라는 것이 있으나, 관리도 본래의 사용법이라고도 할 수 없으므로, 이 책에서는 취급하지 않는다.

① 해석용 관리도

공정해석이란 **여러 가지 공정의 원인(요인)이 되는 것과 제품의 특성(결과, 일의 끝난 상태, 품질)과의 관계를 파악하는 것, 즉 품질특성에 영향을 미치는 요인은 무엇인가? 그것들은 어느 정도 영향을 미치고 있는가? 라는 것을 정량적(定量的)으로 파악하는 것으로써 이러한 해석을 위해서 쓰이는 관리도가 해석용 관리도**이다.

앞에서 설명한 바와 같이 25일간의 공정전체로 보아 이상이 있는 날이 없는가를 조사하고, 만약 이상이 있으면 원인을 조사해서 적절한 재발방지 조처를 결정하는데 쓰는 관리도는 해석용 관리도의 일례이다. 그 밖에 데이터를 층별하거나 군(群) 나눔을 바꿔서 관리도를 그리는 경우 등이 있다

② 관리용 관리도

공정관리(만족할 만한 좋은 공정상태를 유지한다는 의미)를 목적으로 해서 사용하는 관리도를 관리용 관리도라 한다. 이는 공정해석을 해서 액션을 취하고, 공정이 관리상태에 있다고 생각되면 그 관리상태의 공정을 기준으로 해서 현재의 공정이 이상인지 아닌지를 판정하기 위해서 쓰는 관리도, 즉 좀더 구체적으로 말하면 관리상태를 나타낸 해석용 관리도의 관리선을 연장해서 거기에 타점하면서 사용한다.

3. 관리도의 작성법

1) 관리도의 선정

관리도에 의하여 공정을 해석하거나 관리하기 위해서는 우선 다음의 순서 1과 순서 2의 작성준비를 한다.

■ **순서 1 관리도에 그리려고 하는 품질특성**

(관리해야 할 항목, 관리항목, 관리특성 등을 말한다)을 선정한다.

관리도에 그려갈 품질특성은 공정상태를 올바르게 파악하기 위한 지표가 되는 것이어야 한다. 이 특성의 선정을 잘못하면 모처럼 관리도를 그려도 별 도움이 되지 않는 관리도가 되는 수도 있다. KS A 3201『관리도법』에 관여해야 할 항목을 선정함에 있어서의 주의사항이 설명되어 있으며, 요약하면 다음과 같다.

① 그 공정에서 생산된 물품에 대하여 소비자가 요구되는 품질은 무엇인가를 조사해서 중요한 관계가 있는 품질특성을 선정한다.

② 최종제품의 품질특성 뿐만 아니라, 다음 공정에서 요구되는 합리적인 원재료나 부품, 반제품의 품질특성을 선택해도 좋다.

③ 조립제품의 경우 되도록 조립하기 전의 공정에 있어서 품질특성을 선정하여 이들의 공정을 관리하는 편이 유리할 때가 있다.

④ 제품에 대해서 관리해야 할 항목은 단순히 하나일 경우도 있으나, 필요에 따라서는 두 항목 이상 선정하지 않으면 안 될 경우도 많다. 그러나, 중요하지 않은 것까지 많이 선택해도 별 의미는 없다.

⑤ 관리해야 할 항목은 측정하기 쉽고, 공정에 대해서 조처를 취하기 쉬운 것을 선택한다. 그러나, 별로 중요하지 않은 것을 선정해서는 않된다.

⑥ 직접 측정하는 것이 경제적, 또는 기술적으로 곤란한 품질특성에 대해서는 그 품질특성과 상관이 있고, 측정하기 쉬운 품질특성(대용특성)을 선정한다.

⑦ 관리해야 할 항목으로는 품질뿐만 아니라 생산량이나 원가, 또는 능률에 관계되는 것을 선정할 수도 있다.

■ **순서 2 관리도의 종류를 선정한다.**

관리도에는 여러 가지 종류가 있으나, 일반적으로 널리 사용되는 것은 다음의 7종류가 있는데 우선 여기서 3가지 종류에 대해서만 설명한다.

① $\bar{x}-R$ (엑스 바 아르) 관리도 : 평균치와 범위의 관리도

② $\tilde{x}-R$ (엑스 틸드 아르) 관리도 : 메디안 (중앙치)과 범위의 관리도

③ $x-R_s$ (엑스 아르 에스) 관리도 : 개개의 데이터와 이동범위의 관리도

④ p (피) 관리도 : 불량률의 관리도

⑤ pn (피엔) 관리도 : 불량개수의 관리도

⑥ u (유) 관리도 : 단위당의 결점수 관리도

⑦ c (시) 관리도 : 결점수의 관리도

이들 관리도 중 어떤 종류의 관리도를 선정할 것인가는 관리도를 그리는 품질특성의 종류와 데이터를 잡는 방법에 의한 그림 3의 흐름도(플로우챠트)에 따라 결정하면 된다.

1 관리도를 선정하기 위한 흐름도(그림 3)의 설문항목 해설

① 관리도를 그리기 위해서 선정한 품질특성의 데이터가 계량치인가 계수치인가?

계량치 : 길이, 무게, 시간, 순도, 수율 등과 같이 연속된 값.

계수치 : 제품 몇 개 중에 불량품이 몇 개 있다는 경우와 같이 1, 2, 3,……등으로 세는 값, 즉, 1.5와 같이 소수점을 갖지 않는 값 및 계수치를 계수치로 나눈 불량률이나, 계수치를 계량치로 나눈 단위당 결점수와 같은 비율치(比率値)를 말한다. 불량률과 같은 비율치는 소수점 이하의 값도 취하므로 계량치라고 생각하기 쉬우나, 비율을 낼 때의 분자가 계수치이면 분모 수치의 종류가 계량치이거나 계수치이거나 간에 계수치이다. 관리도를 그리기 위해서 선정한 품질특성의 값이 계량치일 경우에는 계량치의 관리도, 계수치일 경우에는 계수치의 관리도라 한다.

② 군의 크기(시료의 크기)는 복수인가, 단수인가?

데이터를 몇 개씩 모은 것을 군(群)이라고 하며, 하나의 모집단과 대응하고 있다고 생각된다. 하나의 군에 포함되는 데이터의 수를 군의 크기라고 하며, n으로 나타내고, 군의 수는 통상 k로 표시한다. 군의 크기는 관리도의 성능면으로 볼 때, 되도록이면 복수인 것이 바람직하지만, 데이터를 잡는데 시간이나 경비가 너무 들거나, 군내에서 한 개의 데이터 밖에 취할 수 없을 경우, 군내에 산포가 없이 균일하여 많이 데이터를 취해도 의미가 없는 경우에 군의 크기는 단수(n=1)라도 좋다.

③ 불량개수나 불량률의 데이터인가, 결점수의 데이터인가?

예를 들면, 50개의 시료 중 2개의 불량품이 포함되고 있는 경우에는 불량개수, 또는 불량률의 데이터이고, 직물의 흠과 같이 어떤 면적당의 흠이 5개 있는 것과 같은 경우에는 결점수의 데이터이다.

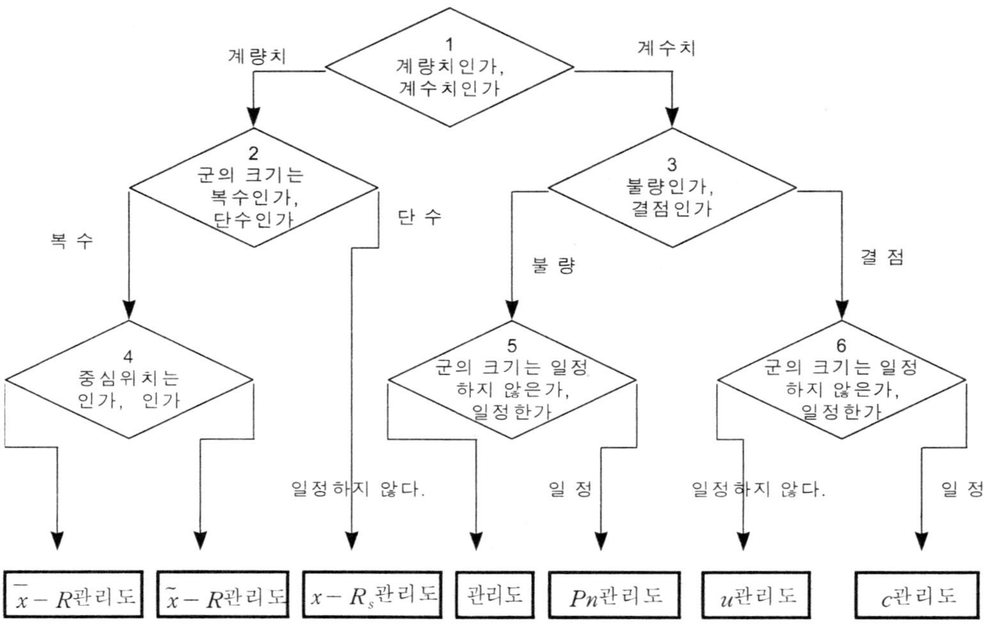

그림 3. 관리도의 종류를 선정하기 위한 흐름도

④ 군의 분포의 중심위치를 평균치($\overline{x}$)로 구할 것인가, 메디안($\tilde{x}$)으로 구할 것인가?

⑤ 군의 크기는 일정한가, 일정하지 않은가?

검사갯수가 군의 크기로 된다. 군의 크기가 일정하면, p 관리도나 pn 관리도를 그릴 수 있다. 계산을 편리하게 하기 위해서 되도록 군의 크기를 일정하게 해서 p 관리도나 pn 관리도를 그리는 것이 좋다.

⑥ 군의 크기가 일정하지 않은가, 일정한가?

길이, 넓이, 부피 등 결점이 나타날 가능성의 범위를 여기서는 군의 크기라 한다. 군의 크기는 될 수 있는 대로 일정하게 해서 u관리도보다 c관리도를 그리는 것이 더 유리한 것은 불량률이나 불량개수의 관리도 경우와 같다.

[2] 관리도 선정의 예

① 분말 화학약품의 포장공장에서 일정시간마다 n=5의 시료를 취해서 각 포대의 무게를 측정했을 경우 :

계량치 → 군의 크기는 복수 → 중심위치를 $\overline{x}$ → $\overline{x}-R$관리도

또는

계량치 → 군의 크기는 복수 → 중심위치를 $\tilde{x}$ → $\tilde{x}-R$관리도

② 화학약품의 반응공정에서 하루 한 번의 배치반응을 하고 있다.

1배치 마다 산의 함유량을 측정해서(n=1), 이 공정을 관리하려고 할 때 :

계량치 → 군의 크기는 단수 → $x-R_s$관리도

③ 하루 150~250매의 판자 굴곡가공 공정에서 굴곡불량률에 따라 이 공정을 관리하려고 할 경우 :

계수치 → 불량 → 군의 크기는 일정하지 않다 → p관리도

④ 부품의 도금공정에서 도금조에서 일정시간마다 50개의 시료를 취해서 도금의 겉모양이 불량한 부품 개수에 따라 공정을 관리하려고 할 경우 :

계수치 → 불량 → 군의 크기 일정 → pn관리도

⑤ 생산량이 매일 변동하는 작물공정을 하루의 짜임흠의 개수에 따라 관리하려고 할 경우 :

계수치 → 결점수 → 군의 크기는 일정하지 않다 → u관리도

⑥ 어떤 제조기계의 하루에 일어나는 고장회수에 따라 이 공정을 관리하려고 할 때 (단, 고장 회수의 평균은 1일 약 2회이다) :

계수치 → 결점수 → 군의 크기는 일정 → c 관리도

2) 데이터가 갖추어야 할 조건

관리도에 의해서 공정을 해석하거나 관리해 가기 위한 목적으로 공정에서 취하는 데이터는 다음 조건을 갖추고 있는 것이 바람직하다.

① 공정을 한 시간마다, 반 나절마다, 1교대마다, 1로트마다 한 납품단위 등으로 구분해서 공정에서 데이터를 취해서 하나의 군을 만들어 간다. 이러한 하나의 군을 만드는 데이터 중에는 기술적으로 고려해서 이질의 데이터를 포함하지 않도록 해야 한다. 예를 들면 A사의 원료를 사용한 데이터와 B사의 원료를 사용한 데

이터가 하나의 군으로 형성되어 있다면, A사와 B사의 원료가 동일품질이라는 것이 확실하지 않는 한, 이 군은 이질의 데이터를 포함하는 군이다. 즉, 『동일하다』는 것이 확실하지 않는 한 원료장치, 제조방법, 작업원 등이 다른 데이터를 하나의 군으로 해서는 안된다.

② 개개의 데이터는 이력이 분명해야 한다. 즉, 그 데이터는 어느 원료나 부품을 사용해서 어떤 기계나 장치로, 어떤 제조방법으로, 누가, 언제 제조한, 제조번호 몇 번의 것인가? 또 데이터는 언제, 어디서, 누구에 의해서 취해졌는가?등 명확하게 되어 있어야 한다.

③ 왜냐하면 이러한 사실이 분명하지 않으면 해석하려고 해도 해석할 수 없기 때문이다.

④ 군의 크기가 분명한 데이터일 것.

3) 해석용 관리도의 작성법

각종 관리도 작성법에 대하여 설명한다.

1 $\bar{x}-R$ 관리도

$\bar{x}-R$ 관리도는 공정에서 취한 데이터가 계량치인 경우에 쓰는 관리도의 하나로 평균치 $\bar{x}$ 의 관리도와 범위 R의 관리도를 조합해서 사용한다.

■ **순서 1 데이터를 취해서 군마다 미리 준비한 데이터 시트에 시간 순으로 기입한다.**

해석한 결과, 관리의 대상이 되는 공정의 각 모집단에서 군의 크기 n=2~6, 많아서 10가지의 데이터를 군의 수 $k=20\sim25$이상에 대해서 취한다.

주1) $\bar{x}-R$관리도에 있어 군의 크기를 $n=2\text{~}6$으로 하는 것은, 군의 크기가 이 정도의 평균치 $\bar{x}$ 가 되어야 뒤에서 설명할 검출력으로 보아서 경험적으로 적절하며, 또 범위 R은 최대치와 최소치 두개의 데이터만 사용하므로 너무 군의 크기를 크게 해도 효율적이 아니기 때문이다.

주2) 데이터 시트는 회사에 이미 작성된 것이 있으면, 그것을 이용하는 것이 좋다. 일례가 표 2에 나타나 있다.

■ **순서 2 평균치 $\bar{x}$ 를 계산한다.**

군마다 다음 식에 따라 평균치 $\bar{x}$ 를 계산한다.

$$\bar{x} = \frac{x_1 + x_2 + \cdots\cdots + x_n}{n} = \frac{\sum x}{n}$$

x_1은 그 군은 첫 번째 데이터를 x_2는 두 번째 데이터를, 그리고 x_n은 n번째의 데이터를 나타낸다. 평균치 $\bar{x}$ 의 자리수는 원래의 측정치 한자리 아래까지 구한다.

예를 들면,

12.7　14.6　13.1　12.1　13.2

라는 5개의 데이터에 비해서 평균치 $\bar{x}$를 구하면

$$\bar{x} = \frac{12.7 + 14.6 + 13.1 + 12.1 + 13.2}{5} = \frac{65.7}{5} = 13.14$$

이다.

■ **순서 3 범위 R 을 계산한다.**

군마다 범위 R 을 구한다. 범위 R 은 군의 최대치 L과 최소치 S의 차이이다.

$R = L - S$

범위 R은 반드시 플러스의 수가 되며 마이너스의 수로 되는 일은 없다.

예를 들면,

12.7　14.6　13.1　12.1　13.2

라는 5개의 데이터에 대하여 범위 R을 구하면,

$R = 14.6 - 12.1 = 2.5$

이다.

■ **순서 4 총평균 $\bar{x}$ 를 계산한다.**

각 군의 $\bar{x}$ 를 전부 더해서 군의 수는 나누어 $\bar{\bar{x}}$ 를 구한다.

$$\bar{\bar{x}} = \frac{\bar{x}_1 + \bar{x}_2 + \cdots\cdots + \bar{x}_k}{k} = \frac{\sum \bar{x}}{k}$$

$\bar{x}_1$은 제1군의 $\bar{x}$를, $\bar{x}_2$는 제2군의 $\bar{x}$를 $\bar{x}_k$는 제4군의 $\bar{x}$를 나타낸다.
총평균 $\bar{\bar{x}}$의 자리수는 원래의 데이터 두 자리까지 구한다. 표3의 계산 예를 참조하라.

$$\bar{\bar{x}} = \frac{2.12 + 2.04 + \cdots\cdots + 2.02 + 1.92}{25} = \frac{50.06}{25} = 2.014$$

■ **순서 5 범위의 평균치 $\bar{R}$를 계산한다.**

각 군의 R를 전부 더해서 군의 수는 k로 나누어 $\bar{R}$를 구한다.

$$\bar{R} = \frac{R_1 + R_2 + \cdots\cdots + R_k}{k} = \frac{\sum R}{k}$$

R_1은 제1군의 R를, R_2는 제2군의 R를, R_k는 제 k군의 R를 나타낸다.
범위의 평균치 $\bar{R}$의 자리수는 군마다 R의 한자리 아래까지 계산한다. 표3의 계산 예를 참조하라.

$$\bar{R} = \frac{0.6 + 0.7 + \cdots\cdots + 0.3 + 0.5}{25} = \frac{12.0}{25} = 0.48$$

■ **순서 6 관리선을 계산한다.**

관리선에는
관리상한(管理上限) : UCL(유시엘 : Upper Control Limit)이라는 기호로 나타낸다.
중 심 선(中 心 線) : CL (시 엘 : Central Line)이라는 기호로 나타낸다.
관리하한(管理下限) : LCL(엘시엘 : Lower Control Limit)이라는 기호로 나타낸다.
의 3개의 선이 있다.

① $\bar{x}$관리도의 관리선을 구한다.
$\bar{x}$관리도의 관리선은 다음 식에 의해서 계산한다.

중 심 선 : CL $= \bar{\bar{x}}$

관리상한 : UCL $= \bar{\bar{x}} + A_2\bar{R}$

관리하한 : LCL $= \bar{\bar{x}} - A_2\bar{R}$

단, A_2는 군의 크기 n에 따라 정해지는 정수(定數)로 표 4에서 보는 값이다.

■ **순서 7 관리도를 작성한다.**

관리선을 계산했으면 관리도 작도(作圖)에 착수한다.

① 관리도 용지를 준비한다.

회사에서 준비한 용지가 있으면 그것을 이용한다. 관리도 용지의 예를 그림 4에 나타낸다. 만약 특별히 정한 용지가 없으면 A4판 크기의 그래프용지(1mm 방안지)를 준비한다.

② 세로축에 눈금을 매긴다.

관리도 용지(그래프 용지)의 좌측 세로축에 $\bar{x}$ 관리도와 R관리도의 눈금을 매긴다. $\bar{x}$-R 관리도는 반드시 $\bar{x}$ 관리도를 위쪽에, R관리도를 아랫쪽에 그린다. 우선 아래로부터 R관리도, 다음 R관리도의 UCL 위쪽에서 조금 띄어 $\bar{x}$ 관리도의 UCL이 오도록 눈금을 매긴다. 눈금을 매기는 방법은 되도록 UCL과 LCL의 폭이 3cm(좁아도 2cm, 넓어도 6cm)정도가 그리면 보기가 쉽다. 이상 설명한 $\bar{x}$-R관리도의 작성법은 해석용 관리도의 작성법이다. 작성한 관리도는 앞에서 설명하는 기준에 따라 관리상태에 있는지 어떤지를 체크해서 관리상태에 있지 않으면 원인을 조사해서 조처를 한다. 또, 관리선을 장래에 대해서 연장해도 좋을지 어떨지를 판단한다. 만일 관리선을 연장해도 좋을 경우에는 이를 연장해서 미리 관리선이 기입된 관리도를 작성한 후, 여기에 데이터에서 $\bar{x}$와 R가 계산될 때마다 기입해서 공정관리를 한다. 이것이 관리용 관리도이다.

표 2. $\bar{x}-R$ 관리도용 데이터 시트의 예

$\bar{x}-R$ 관리도 데이터 시트 No.

제 품 명 칭		제조명령번호			기 간	
품 질 특 성		부 서 명				
측 정 단 위		기준일일생산량			기 계 번 호	
규격한계 최대		시 료	크 기		작 업 원	
규격한계 최소			간 격		검 사 원	
규 격 번 호		측정기번호			성명 및 날인	㉑

일시	군번호	측 정 치 x_1	x_2	x_3	x_4	x_5	계 Σx	평균치 $\bar{x}$	범 위 R	적 요
	1									
	2									
	3									
	4									
	5									
	6									
	7									
	8									
	9									
	10									
	11									
	12									
	13									
	14									
	15									
	16									
	17									
	18									
	19									
	20									
	21									
	22									
	23									
	24									
	25									
	26									
	27									
	28									
	29									
	30									

$\bar{x}$ 관리도	R 관리도	계
$UCL = \bar{\bar{x}} + A_2\bar{R} =$	$UCL = D_4\bar{R} =$	$\bar{\bar{x}} =$ $\bar{R} =$
$LCL = \bar{\bar{x}} - A_2\bar{R} =$	$LCL = D_3\bar{R} =$	

x	A_3	D_4	D_3
4	0.73	2.28	-
5	0.58	2.11	-

기 사

표 3. $\overline{x}-R$ 관리도용 데이터 시트의 계산 예

날짜	군번호	x_1	x_2	x_3	x_4	x_5	$\sum x$	$\overline{x}$	R	비 고
1	1	2.4	2.0	2.0	2.4	1.8	10.6	2.12	0.6	
2	2	1.6	2.3	2.0	2.3	1.9	10.1	2.02	0.7	
3	3	2.0	2.1	2.0	1.8	1.8	9.7	1.94	0.3	
4	4	2.1	2.0	1.9	2.2	2.3	10.5	2.10	0.4	
5	5	2.1	2.2	1.8	1.7	2.0	9.8	1.96	0.5	
6	6	1.9	2.0	1.9	1.8	2.2	9.8	1.96	0.4	
7	7	2.0	2.1	2.1	2.0	1.9	10.1	2.02	0.2	
8	8	2.2	2.4	1.7	2.1	2.1	10.5	2.10	0.7	
9	9	2.2	2.2	2.4	1.6	2.0	10.4	2.08	0.8	
10	10	1.8	2.0	2.4	1.9	2.2	10.3	2.06	0.6	
11	11	1.9	2.1	2.2	2.1	1.8	10.1	2.02	0.4	
12	12	1.9	2.5	1.7	2.1	2.0	10.2	2.04	0.8	
13	13	2.1	1.6	1.8	2.0	2.3	9.8	1.96	0.7	
14	14	2.2	1.8	1.9	1.8	1.6	9.3	1.86	0.6	
15	15	2.1	1.8	1.9	2.2	1.9	9.9	1.98	0.4	
16	16	2.0	2.0	2.1	2.2	2.3	10.6	2.12	0.3	
17	17	2.3	2.4	2.0	1.9	2.2	10.8	2.16	0.5	
18	18	1.6	1.8	2.1	1.7	2.0	9.2	1.84	0.5	
19	19	2.1	2.0	2.0	1.8	2.1	10.0	2.00	0.3	
20	20	2.3	2.0	2.1	1.9	2.2	10.5	2.10	0.4	
21	21	2.2	2.1	1.8	1.9	2.2	10.2	2.04	0.4	
22	22	2.1	2.3	2.1	2.2	2.0	10.7	2.14	0.3	
23	23	2.0	2.0	1.6	1.8	1.6	9.0	1.80	0.4	
24	24	1.9	2.0	1.9	2.2	2.1	10.1	2.02	0.3	
25	25	1.7	2.0	1.9	1.8	2.2	9.6	1.92	0.5	
한계선					비고		계	50.36	12.0	

한계선

$\overline{x}$:

- $A_2\overline{R}=0.58\times0.48=0.278$
- $UCL=\overline{\overline{x}}+A_2\overline{R}=2.292$
- $CL=\overline{\overline{x}}=2.014$
- $LCL=\overline{\overline{x}}-A_2\overline{R}=1.736$

R:

- $UCL=D_4\overline{R}=2.11\times0.48=1.01$
- $CL=\overline{R}=0.48$
- $LCL=D_3\overline{R}=-$

평균: $\overline{\overline{x}}=2.014$, $\overline{R}=0.48$

계수표

n	A_2	D_4	D_3	d_2
2	1.88	3.27	-	1.13
3	1.02	2.57	-	1.69
4	0.73	2.28	-	2.06
5	0.58	2.11	-	2.33

관리도 번호

표 3의 계산의 예를 참조하기 바란다.

CL = 2.014　UCL = 2.014 + 0.58 × 0.48 = 2.292

LCL = 2.014 - 0.58 × 0.48 = 1.736

표 4. $\overline{x}-R$관리도 계수표

n	A_2	D_4	D_3
2	1.88	3.27	-
3	1.02	2.57	-
4	0.73	2.28	-
5	0.58	2.11	-
6	0.48	2.00	-
7	0.42	1.92	0.08

주1) 이 $\overline{x}-R$ 관리도 계수표는 『수치표』의 『계량치 관리도의 관리한계를 계산하기 위한 계수표』에도 표시되어 있다.

주2) R관리도의 관리선을 구한다.

R관리도의 관리선은 다음 식에 의해서 계산한다.

중 심 선 : CL = $\overline{R}$

관리상한 : UCL = $D_4\overline{R}$

관리하한 : LCL = $D_3\overline{R}$

다만, D_4와 D_3는 군의 크기 n에 따라 정해지는 정수로 표4에 표시하는 값이다. n이 6이하일 때의 D_3의 값은 표시되어 있지 않다. 이는 n이 6이하일 때는 R관리도의 LCL은 관리하지 않기 때문이다. 표 3의 계산 예를 참조하라.

CL = 0.48

UCL = 2.11 × 0.48 = 1.01

LCL = (고려하지 않는다)

2 p 관리도

p 관리도는 n개(예를 들면 100개)의 제품(또는 반제품 등)의 양호, 불량을 검사해서 그중에 불량품이 r개 (예를 들면 5개)있을 때, 이를 불량률 p = r / n (5 / 100 = 0.05), 또는 불량 백분율 100 p %(= 5%)로 표시되는 것과 같은 데이터가 얻어지는 경우에 쓰인다.

데이터는 반드시 불량률이 아니더라도 좋고, 수율(양호품 개수 / 제조 개수), 양호율품(양호품 개수 / 검사 개수)등, 결점수가 아닌 계수치의 비율치이면 사용할 수 있다.

■ **순서 1 군의 크기 n과 그 중에 포함된 불량품수 r의 데이터를 취해서 군마다 미리 준비한 데이터 시트에 시간 순으로 기입한다.**

해석한 결과, 관리의 대상이 되는 공정의 각 모집단에서 군의 수 k = 20~25 이상을 취한다.

$\bar{x}-R$ 관 리 도

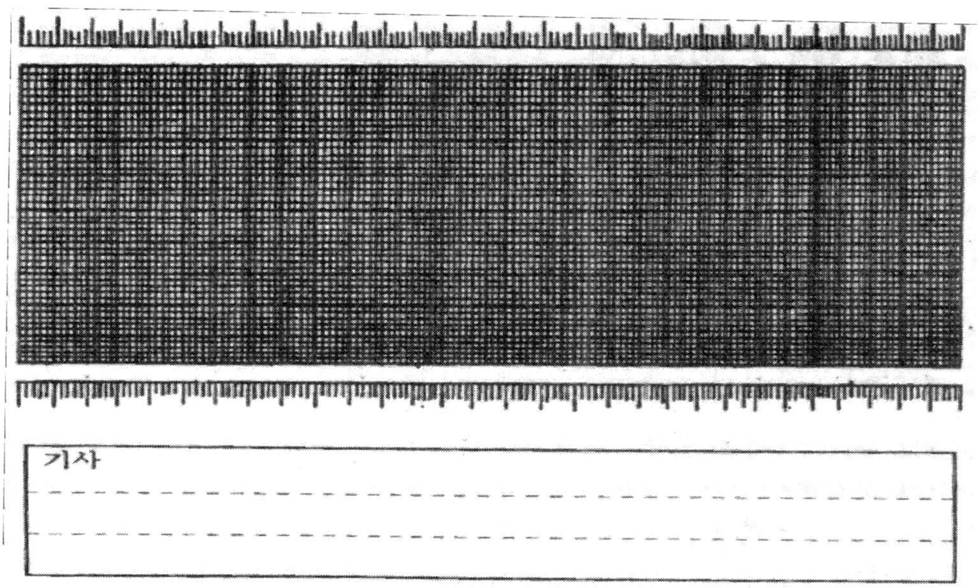

그림 4. $\bar{x}-R$관리도 용지의 예

주1) 군의 크기 n(불량률일 때는 검사개수)는 50이상으로 하는 것이 좋다. 너무 n이 작으면 관리도의 산포(검출력)가 나빠진다.

주2) 군마다의 불량개수 r는 평균해도 1~5가 되도록 하면 좋다.

주3) 군의 크기 n은 군마다 달라도 좋으나 되도록 일정하게 하는 것이 계산하는데 편리하다.

또, 군의 크기를 일정하게 해서 pn관리도를 만드는 것이 실용적이다.

주4) 데이터시트의 일례를 표5에 나타내었다.

■ **순서 2 비율치 p를 계산한다.**

군마다 다음식에 의해서 비율치 p를 구한다.

$$p = \frac{r}{n}$$

불량률의 경우에는

$$p = \frac{\text{불량개수}(r)}{\text{검사개수}(n)}$$

을 구한다. 불량개수는 r 이라는 기호로 표시하나 이것은 범위 R와 혼돈하기 쉬우므로

$$r = pn$$

이라는 관계를 이용해서 r 대신에 pn 이라는 기호로 쓰기도 한다.

비율치 p 는 100배 해서 백분율로 표시해도 좋다.

$$100\,p = \frac{pn}{n} \times 100(\%)$$

표 5. p관리도용 데이터 시트의 예

p 관리도 데이터 시트

제 품 명 칭			제조명령번호		기 간	
품 질 특 성			부 서 명			
측 정 단 위			기준일일생산량		기 계 번 호	
규격 한계	최대		시료샘플링간격		작 업 원	
	최소		측정기번호		검 사 원 성명 및 날인	㊞
규 격 번 호						

일시	로트 번호	군 번 호	군의 크기 n	불량 개수 pn	불량률 p	$A=\frac{3}{\sqrt{n}}$	$A\times\sqrt{\bar{p}(1-\bar{p})}$	UCL $\bar{p}+A\times\sqrt{\bar{p}(1-\bar{p})}$	LCL $\bar{p}-A\times\sqrt{\bar{p}(1-\bar{p})}$
		1							
		2							
		3							
		4							
		5							
		6							
		7							
		8							
		9							
		10							
		11							
		12							
		13							
		14							
		15							
		16							
		17							
		18							
		19							
		20							
		21							
		22							
		23							
		24							
		25							
		26							
		27							
		28							
		29							
		30							
계									

$\bar{p} = \sum pn \ / \ \sum n =$

$(\sum n)(\sum pn)$ $\qquad \sqrt{\bar{p}\ (1-\bar{p})} =$

기 사

■ **순서 3 평균비율치 $\bar{p}$ 를 계산한다.**

불량률을 예로 들면 평균불량률 $\bar{p}$ 는 다음 식에 의해서 계산한다.

$$\bar{p} = \frac{\text{총불량 개수}}{\text{총검사 개수}} = \frac{\Sigma pn}{\Sigma n}$$

각 군의 크기 n이 일정할 때는 평균불량률 $\bar{p}$ 를

$$\bar{p} = \frac{p_1 + p_2 + \cdots\cdots + p_k}{k} = \frac{\Sigma p}{k}$$

에 의해서 구해도 좋으나, 각 군의 크기 n이 일정하지 않을 때는 틀리게 되므로 주의해야 한다.

예를 들면 표 6의 계산 예에서는 이 경우에는

$$\bar{p} = \frac{\Sigma pn}{\Sigma n} = \frac{214}{15.795} = 0.0135 = 1.35(\%) \text{ 이다.}$$

$$\bar{p} = \frac{\Sigma pn}{\Sigma n} = \frac{0.375}{25} = 0.0150 = 1.50(\%) \text{ 이다.}$$

라는 계산으로 하면 이는 잘못이다.

■ **순서 4 관리선을 계산한다.**

p 관리도의 관리선은 다음 식에 의해서 구한다.

중 심 선 : CL = $\bar{p}$

관리상한 : UCL = $\bar{p}$ + A × $\sqrt{\bar{p}(1-\bar{p})}$

관리하한 : LCL = $\bar{p}$ - A × $\sqrt{\bar{p}(1-\bar{p})}$

다만 A는 군의 크기 n에 의해서 결정되는 정수로 『수치표』에 나타나 있는 값이다. 표 6의 예는 군의 크기 n이 군마다 다르므로 A의 값도 군마다 다르다. 따라서 관리한계선의 폭이 군마다 다르게 된다. 또 $\sqrt{\bar{p}(1-\bar{p})}$ 는 루트를 풀면 계산을 하지 않아도 $\bar{p}$ 를 알고 있으면 『수치표』를 이용해서 간단히 구할 수 있다. 표6의 군번호 1의 수치에 대해서 관리선을 구해보자. 중심선은 $\bar{p}$이므로

$\bar{p}$ = 0.0135 = 1.35%

이다. 다음에 A를 구한다. n=835이므로 『수치표』에 의해서, 그때의 A의 값을

읽는다. 그러나, n=835의 값이 『수치표』에는 없으므로 그 전후의 n의 값에 따라 A를 읽는다.

표 6. 관리도용 데이터 시트의 계산의 예

군번호	군의 크기 n	불량 개수 pn	불량률 p (%)	$A=\frac{3}{\sqrt{n}}$	$A\times\sqrt{\bar{p}(1-\bar{p})}$ (%)	UCL(%) $\bar{p}+A\times\sqrt{\bar{p}(1-\bar{p})}$	LCL(%) $\bar{p}-A\times\sqrt{\bar{p}(1-\bar{p})}$
1	835	8	1.0	0.104	1.196	2.55	0.15
2	808	12	1.5	0.106	1.219	2.57	0.13
3	780	6	0.8	0.107	1.230	2.58	0.12
4	252	6	2.4	0.189	2.174	3.52	-
5	430	7	1.6	0.145	1.668	3.02	-
6	600	5	0.8	0.122	1.403	2.75	-
7	822	11	1.3	0.105	1.208	2.56	0.14
8	814	8	1.0	0.105	1.208	2.56	0.14
9	206	6	2.9	0.209	2.404	3.75	-
10	703	8	1.1	0.113	1.300	2.65	0.05
11	850	19	2.2	0.103	1.184	2.53	0.17
12	709	11	1.6	0.113	1.300	2.65	0.05
13	350	5	1.4	0.160	1.840	3.19	-
14	250	8	3.2	0.190	2.185	3.54	-
15	830	14	1.7	0.104	1.196	2.55	0.15
16	798	7	0.9	0.106	1.219	2.57	0.13
17	813	9	1.1	0.105	1.208	2.56	0.14
18	818	7	0.9	0.105	1.208	2.56	0.14
19	581	8	1.4	0.124	1.438	2.79	-
20	464	4	0.9	0.139	1.598	2.95	-
21	807	11	1.4	0.106	1.219	2.57	0.13
22	595	7	1.2	0.123	1.414	2.76	-
23	500	12	2.4	0.134	1.541	2.89	-
24	760	7	0.9	0.109	1.254	2.60	0.10
25	420	8	1.9	0.146	1.679	3.03	-
계	$\sum n=$ 15795	$\sum pn=$ 214					

$\bar{p} = \sum pn \ / \ \sum n = 214 \ / \ 15,795 \fallingdotseq 0.0135 = 1.35\ \%$

$\sqrt{\bar{p}\ (1-\bar{p})} = \sqrt{0.0135\ (1-0.0135)} \fallingdotseq 0.115 = 11.5\ \%$

n = 830일 때 A = 0.104

n = 840일 때 A = 0.104

따라서 n = 835일 때도 A = 0.104

임을 알 수 있다. 다음에 $\sqrt{\bar{p}(1-\bar{p})}$를 『수치표』에 의해서 읽는다.

$\bar{p}$=1.35%에 대응하는 $\sqrt{\bar{p}(1-\bar{p})}$의 값을 읽으면 되나 $\bar{p}$ =1.35%의 값이 『수치표』에 없으므로 그 전후의 $\bar{p}$에 대해서 $\sqrt{\bar{p}(1-\bar{p})}$의 값을 읽는다.

$\bar{p}$ = 1.3%일 때 $\sqrt{\bar{p}(1-\bar{p})}$ = 11.33%

$\bar{p}$ = 1.4%일 때 $\sqrt{\bar{p}(1-\bar{p})}$ = 11.75%

$\bar{p}$가 0.1% 증가하면 $\sqrt{\bar{p}(1-\bar{p})}$는 0.42% 증가한다. $\bar{p}$의 증가에 비례해서 $\sqrt{\bar{p}(1-\bar{p})}$가 증가한다면 $\bar{p}$=1.35%일 때 $\sqrt{\bar{p}(1-\bar{p})}$는 얼마나 되는가를 계산한다,

$\bar{p}$=1.35%일 때

$\sqrt{\bar{p}-(1-\bar{p})} = 11.33 + 0.42 \times \frac{0.05}{0.1} = 11.33 + 0.21 = 11.54\%$ 이다.

이와 같이 「수치표」에 없는 값을 계산하여 구하는 방법을 비례보간(比例補間)이라 한다. 물론 $\bar{p}$와 $\sqrt{\bar{p}(1-\bar{p})}$는 직선적인 관계는 아니나, 아주 작은 범위에서는 직선적인 관계에 있다고 생각해도 큰 차이는 없다는 것을 전제로 한 근사법(近似法)이다.

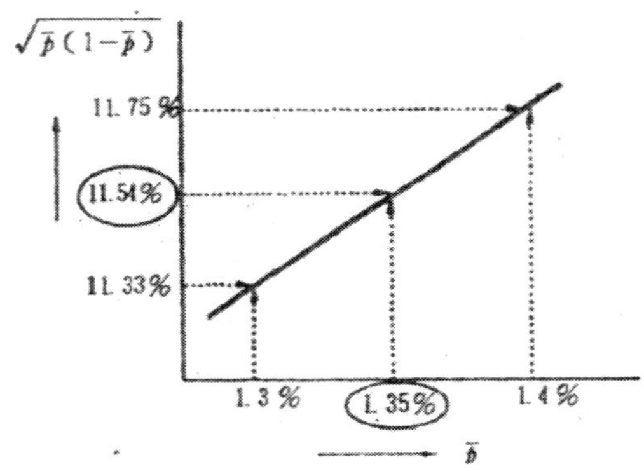

그림 5. 비례보간의 도해

그러나 $\sqrt{\bar{p}(1-\bar{p})} = \sqrt{0.0135(1-0.0135)}$를 직접 계산해도 좋다.

A와 $\sqrt{\bar{p}(1-\bar{p})}$가 얻어졌음으로 UCL과 LCL을 구한다.

$$UCL = \bar{p} + A \times \sqrt{\bar{p}(1-\bar{p})} = 1.35 + 0.104 \times 11.54 = 1.35 + 1.20 = 2.55\%$$

$$LCL = \bar{p} - A \times \sqrt{\bar{p}(1-\bar{p})} = 1.35 - 0.104 \times 11.54 = 1.35 - 1.20 = 0.15\%$$

이와 같은 방법으로 각 군마다 UCL과 LCL을 구하면 된다.

계산의 결과 LCL이 마이너스의 값으로 되었을 경우에는『LCL은 고려하지 않는다』라는 취급을 한다.

주) $\overline{p}$ 관리도의 UCL과 LCL은

$$\overline{p} \pm 3 \times \sqrt{\frac{\overline{p}(1-\overline{p})}{n}}$$

로 표시된다. 그러나 이대로 계산하면 계산이 복잡하게 되므로, 이 식을 다음 식과 같이 변형해서 위에 설명한 바와 같이 『수치표』를 이용해서 계산한다.

$$\begin{aligned}\overline{p} \pm 3 \times \sqrt{\frac{\overline{p}(1-\overline{p})}{n}} &= \overline{p} \pm 3\ \frac{\sqrt{\overline{p}(1-\overline{p})}}{\sqrt{n}} \\ &= \overline{p} \pm \frac{3}{\sqrt{n}} \times \sqrt{\overline{p}(1-\overline{p})} \\ &= \overline{p} \pm A \times \sqrt{\overline{p}(1-\overline{p})}\end{aligned}$$

■ **순서 5 관리도를 그린다.**

① 관리도 용지를 준비한다.

② 세로 축에 눈금을 매긴다.

눈금을 매기는 방법은 UCL과 LCL의 폭이 3cm 정도가 되도록 하면 보기 쉽다.

③ 관리선을 기입한다.

중심선은 실선으로, 관리한계선은 파선으로 기입한다.

④ 가로 축에 군 번호의 눈금을 매긴다.

■ **순서 6 군마다의 p를 타점한다.**

군마다 계산한 p를 관리도 용지에 타점한다. 관리한계선 밖으로 나간 점은 ○표를 추가해서 ◉표로하여 분명히 구분되도록 한다. 한계선상에 걸친 점은 밖에 나간 것으로 취급해서 ○표를 추가해서 ◉표로 표시한다.

각 타점은 군 번호의 순에 따라 실선으로 연결해서 꺾은선 그래프로 한다.

■ **순서 7 필요한 사항을 기입한다.**

품질특성, 공정, 데이터가 취해진 기간, 군의 크기, 측정자, 측정기, 규격치 등 데이터의 이력을 나타내는 사항을 관리도 용지에 기입한다. 표 6의 데이터의 작은 예를 그림 6에 표시한다.

이상은 군의 크기 n이 일정하지 않을 경우를 예를 들어 설명했으나, 군의 크기 n을 일정하게 취하면 관리한계선의 폭이 일정하게 되어 계산이나 작도가 간단하게 된다.

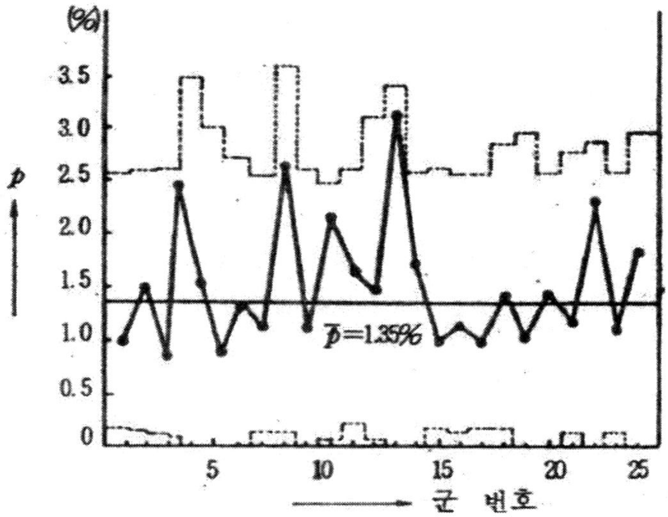

그림 6. p관리도의 예

3 $x-R_s$관리도

x관리도에는 R_s관리도를 병용하는 $x-R_s$관리도와 $\bar{x}-R_s$관리도를 병용하는 $\bar{x}-R_s$, x 관리도가 있다. 여기서는 $x-R_s$관리도만 설명해 둔다.

이 관리도는

① 데이터를 잡는데 시간이나 경비가 든다.

② 군내의 산포가 거의 없이 하나의 군에서 몇 개의 데이터를 취해도 의미가 없다는 등의 이유로 각 군마다 한 개의 데이터 밖에 취하지 않을 때 쓰는 계량치의 관리도이다.

■ **순서 1 데이터를 취하고, 군마다 미리 준비한 데이터 시트에 시간 순으로 기입한다.**

해석한 결과, 관리의 대상이 되는 공정의 각 모집단에서 군의 크기 n=1, 군의 수 k = 20~25 이상의 데이터를 취한다.

표 7은 $x-R_s$관리도용 데이터 시트의 계산 예를 보인 것이다.

표 7. $x-R_s$ 관리도용 데이터 시트의 계산 예

$x-R_s$ 관리도 데이터 시트 No.

제품명칭			제조명령번호			기간	
품질특성			부서명				
측정단위			기준일일생산량			기계번호	
규격한계	최대		시료	크기		작업원	
	최소			간격		검사원 성명 및 날인	㊞
규격번호			측정기번호				

군번호	일시	측정치 x	이동범위 R_s	기사
1		1.09		
2		1.13	0.04	
3		1.29	0.16	
4		1.13	0.16	
5		1.23	0.10	
6		1.43	0.20	
7		1.27	0.16	
8		1.63	0.36	
9		1.34	0.29	
10		1.10	0.24	
11		0.98	0.12	
12		1.37	0.39	
13		1.18	0.19	
14		1.58	0.40	
15		1.31	0.27	
16		1.70	0.39	
17		1.45	0.25	
18		1.19	0.26	
19		1.33	0.14	
20		1.18	0.15	
21		1.40	0.22	
22		1.68	0.28	
23		1.58	0.10	
24		0.90	0.68	
25		1.70	0.80	
26		0.95	0.75	
합계		34.12	7.10	
평균		1.312	0.284	

x 관리도 $\overline{x} = 1.312$	R_s관리도 $\overline{R_s} = 0.284$
$UCL = \overline{x} + 2.66\overline{R_s} = 1.312 + 2.66 \times 0.284 = 2.067$	$UCL = 3.27\overline{R_s} = 3.27 \times 0.284 = 0.929$
$LCL = \overline{x} - 2.66\overline{R_s} = 1.312 - 2.66 \times 0.284 = 0.557$	LCL = -

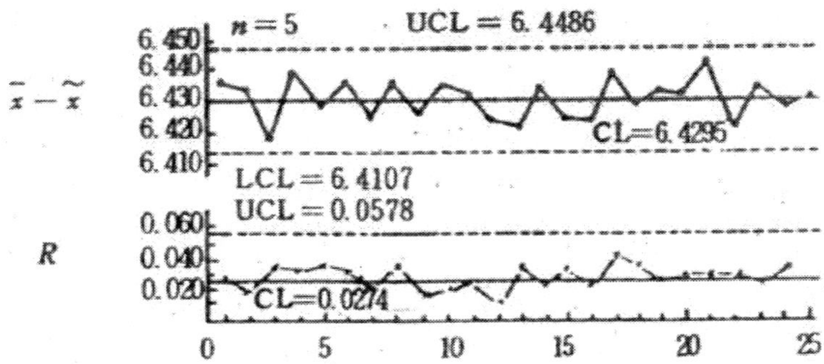

그림 7. $\tilde{x}-R$ 관리도의 예

■ 순서 2 이동범위 R_s를 구한다.

서로 이웃한 두 데이터의 범위 R_s를 계산한다. 이를 일반식으로 표시하면 다음과 같다.

R_{si} = |(i 번째의 데이터) - (i+1 번째의 데이터)|

양쪽의 세로금은 절대값을 나타낸다. 즉 마이너스가 되면 플러스로 고치고, 플러스면 그대로의 값으로 한다.

예를 들면

1.09 1.13 1.29 1.13 1.23

이라는 데이터에 대해서 이동범위 R_s를 구하면

R_{s1} = | 1.09 - 1.13 | = 0.04

R_{s2} = | 1.13 - 1.29 | = 0.16

R_{s3} = | 1.29 - 1.13 | = 0.16

R_{s4} = | 1.13 - 1.23 | = 0.10

⋮

■ 순서 3 평균치 $\bar{x}$를 계산한다.

데이터를 전부 더해서 군의 수 k로 나누어 평균치 $\bar{x}$를 구한다.

$$\bar{x} = \frac{x_1 + x_2 + \cdots\cdots + x_k}{k} = \frac{\Sigma x_k}{k}$$

표 7의 계산 예를 참조하라.

$$\bar{x} = \frac{1.09 + 1.13 + \cdots\cdots + 0.95}{26} = \frac{34.12}{12} = 1.312$$

■ **순서 4 이동범위의 평균치 $\overline{R_s}$를 계산한다.**

순서 2 에서 구한 이동범위 R_s를 전부 더해서 군의 수에서 1을 뺀 것 R-1로 나누어 평균치 $\overline{R}$을 구한다.

$$\overline{R_s} = \frac{R_{s1} + R_{s2} + \cdots\cdots + R_{s(k-1)}}{k-1} = \frac{\sum R_{si}}{k-1}$$

표 7의 계산을 참조하라.

$$\overline{R_s} = \frac{0.04 + 0.16 + \cdots\cdots + 0.75}{25} = \frac{7.10}{25} = 0.284$$

■ **순서 5 관리선을 계산한다.**

① x 관리도의 관리선을 구한다.

x 관리도의 관리선은 다음 식에 의해서 계산한다.

중 심 선 : CL = $\overline{x}$

관리상한 : UCL = $\overline{x} + 2.66\overline{R_s}$

관리하한 : LCL = $\overline{x} - 2.66\overline{R_s}$

표 7의 계산 예를 참조하라.

CL = 1.312

UCL = 1.312 + 2.66 × 0.284 = 2.607

LCL = 1.312 - 2.66 × 0.284 = 0.557

② R_s 관리도의 관리선을 구한다.

R_s 관리도의 관리선은 다음 식에 의해서 계산한다.

중 심 선 : CL = $\overline{R_s}$

관리상한 : UCL = $3.27\overline{R_s}$

관리하한 : LCL = -(고려하지 않는다.)

표 7의 계산 예를 참조하라.

CL = 0.284

UCL = 3.27 × 0.284 = 0.929

LCL = - (고려하지 않는다.)

■ **순서 6 관리선을 그린다.**

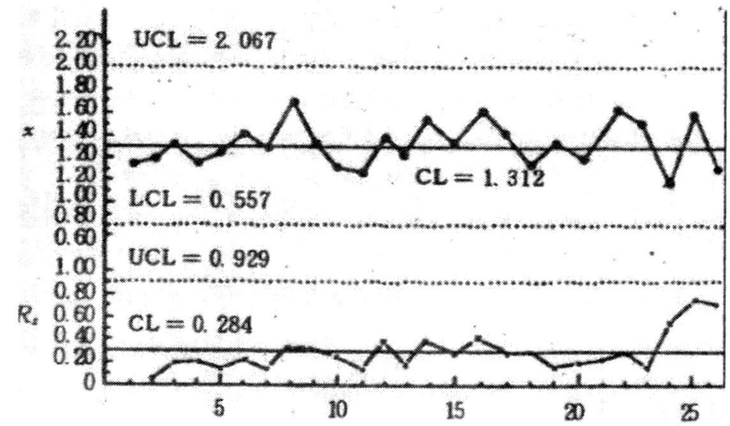

그림 8. $x-R_s$ 관리도의 예

■ **순서 7 x를 · 표로, R_s를 ×표로 타점한다.**

R_s는 군 No.1은 기입하지 않고, 군 No.2부터 차례로 그 데이터와 하나 앞의 데이터의 차이를 그 군의 타점 위치에 기입해 간다.

■ **순서 8 필요한 사항을 기입한다.**

그리는 요령은 $\bar{x}-R$관리도와 같다. 작도 예는 그림 8을 참조하라.

4. 관리도 보는 법과 판정기준의 의미

관리도는 도상(圖上)의 점 · 움직임을 통해서 공정상태를 파악하고 이에 대한 적절한 액션을 취하기 위하여 사용하는 품질관리 수법이다. 따라서 관리도를 써서 공정을 해석하고 관리하기 위해서는 관리도를 보는 법, 즉 관리도상의 점 · 움직임의 읽는 법을 알고 있어야 한다.

그래서 관리도 보는 법의 규칙과 그 의미에 대하여 설명하겠다.

1 판정기준의 의미

앞에서 여러 가지 종류의 관리한계선을 구하는 방법을 학습하였다. 이들의 관리한계선을 구하는 공식은 『수치표』에 기재되어 있다. 그러면 관리한계선이란 어떠한 의미를 갖는 것인가에 대하여 설명하겠다. 제1장에서 배운 바와 같이 물품의 품질특성은 산포하며, 이 산포의 원인에는 우연원인(피할 수 없는 원인)과 이상원인(피할 수 있는 원인, 보아 넘길 수 없는 원인)이 있다. 이 우연원인에 의한 산포를 기준으로 해서 이상원인에 의한 산포를 검출하는 것이 이상판정의 기본적인 사고방식이다. 공정이 관리상태에 있어 이상이 없으면 데이터는 우연원인에 의해서만 산포한다. 이때 계량치의 데이터는 정규분포를 하며, 또 계수치의 데이터는 2항 분포나 포아송 분포를 하나 어떤 조건하에서는 근사적으로 정규분포하는 것으로 알려져 있다. 정규분포에 있어 평균치의 상하에 우연원인에 의한 산포를 표준편차(시그마)로 나타낸것의 3배의 폭을 취하면 데이터가 그 안에 들어갈 확률은 99.7%이고, 반면 밖으로 벗어날 확률은 0.3%, 즉 1,000회 중 3회만이 있다는 것은 이미 제1장에서 배운 바와 같다.

그런데 관리도에서는

(평균치) ± 3 × (표준편차)

이곳에 UCL과 LCL을 취하고, 점이 이 안에 있으면 점은 동일 정규분포에 따르고 있다. 즉 『공정은 관리상태에 있다』 라고 판정하며, 반대로 점이 관리한계 밖으로 나가면 1,000회 중 3회 밖에 일어나지 않은 일이 일어났다고 생각하지 않고 오히려 『분포가 변했다』, 즉 『공정에 이상이 있다』 라고 판정하는 것이다(그림 9참조). 따라서 1,000회 중 3회 정도는 공정이 관리상태임에도 불구하고 이상이 있다고 판정하는 잘못을 저지르게 되며, 이것을 제 1종의 과오라고 한다.

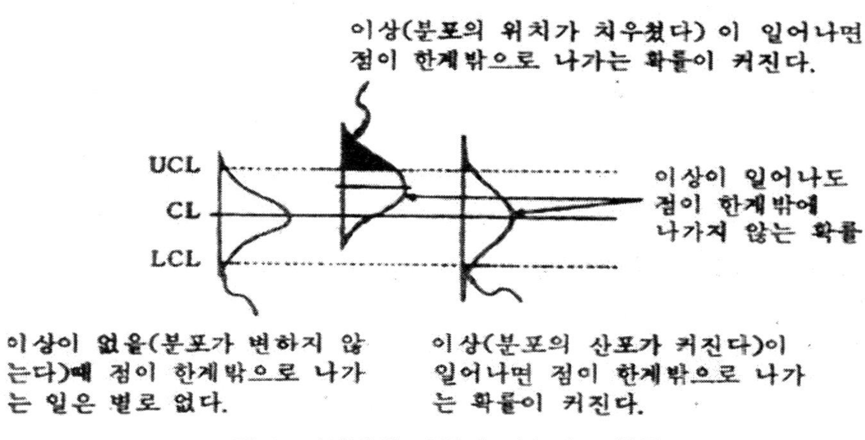

그림 9. 이상발생 방법과 검출되는 확률

관리한계선을 평균치의 상하에 3배를 취하는 3시그마법의 관리도에서는 이 제 1종의 과오확률을 0.3%로 취하고 있는 셈이다. 반면 공정에 이상이 있는데도 불구하고 점이 관리한계선 안에 있어 공정이 관리상태에 있다고 판정하는 잘못을 저지르는 경우에 있어 이를 제2종의 과오라고 한다. 제 2종의 과오의 확률은 제 1종의 과오의 확률 0.3%와 같이 일정하지 않으나, 이 과오를 일으킬 확률을 작게 하기 위해서 다음에 설명하는 바와 같이 점이 관리한계선 안에 들어 있어도 나열상태에 어떤 버릇이 있을 때에는 이상이라고 판정한다 라는 기준이 정해져 있다.

제 2종의 과오 확률을 β라 했을 때$(1-\beta)$를 검출력이라 한다. 검출력은 모평균의 차이, 모표준편차, 제 1종의 과오 확률이 일정할 때에는 군의 크기를 크게하면 할수록 크게되나, 너무 커지면 공정이 조금만 변해도 나타나서 오히려 불편할때가 있다. p 관리도나 pn 관리도에 있어 군의 크기가 너무 커서 쓸모없는 관리도로 되는 수가 있는 것은 이 때문이므로 이러한 때는 군 나눔이나 층별에 의하여 군의 크기를 적당하게 조절하는 것이 필요하다.

주) $\overline{x}$ 관리도의 관리한계가 $\overline{\overline{x}}\pm A_2\overline{R}$인 이유 : 관리도는 공정평균의 추정치를 중심선으로 해서 이의 상하에 공정의 군내의 표준편차(우연원인에 의한 산포)추정치의 3배만큼 떨어진 곳에 관리한계선을 그은 그래프이다. $\overline{x}$ 관리도에 있어서

공정평균의 추정치 : $\overline{\overline{x}}$

군내 표준편차의 추정치 : $\hat{\sigma}_{\overline{x}}=\dfrac{\hat{\sigma}}{\sqrt{n}}=\dfrac{1}{\sqrt{n}}\times\dfrac{\overline{R}}{d_2}$를 쓰면,

관리한계 : $\overline{\overline{x}}\pm 3\times\dfrac{1}{\sqrt{n}}\times\dfrac{\overline{R}}{d_2}=\overline{\overline{x}}\pm A_2\overline{R}\left(A_2=3\times\dfrac{1}{\sqrt{n}}\times\dfrac{1}{d_2}\right.$ 로 한다)

로 되어 관리한계를 구하는 식이 얻어진다. 다른 관리도도 같은 사고방법으로 구한다.

---

2 관리상태란

각 모집단이 일정한 상태로 그림 10에서 보는 바와 같이 **평균치나 산포가 전혀 변화하지 않는 상태를 안전한 관리상태**라 한다. 관리도에 의해서 공정이 관리상태에 있는지, 이상인지의 판정은 다음기준에 따른다.

1 공정이 관리상태에 있다고 보는 판정기준

① 점이 관리한계선 밖(또는 선상)에 없다.

② 점의 배열상태에 어떤 습관이 없다.

이면 『공정은 관리상태에 있다』로 판정하고, 이와 반대일 때는『공정에 이상이 있다』고 판정한다.

❷ 관리선을 앞으로 연장해도 좋은지의 여부를 판정하는 기준

해석용 관리도를 만들어 공정이 관리상태에 있다고 판정된 외에, 다음 기준에 합치되면 일단 공정은 관리상태에 있다고 보고, 그 관리도의 중심선과 관리한계선을 연장해서 관리용 관리도의 관리선으로 써도 좋다.

① 연속 25점 이상이 관리한계 내에 있을 때
② 연속 35점 중 한계밖으로 나간 것이 1점 이하일 때
③ 연속 100점 중 한계밖으로 나간 것이 2점 이하일 때

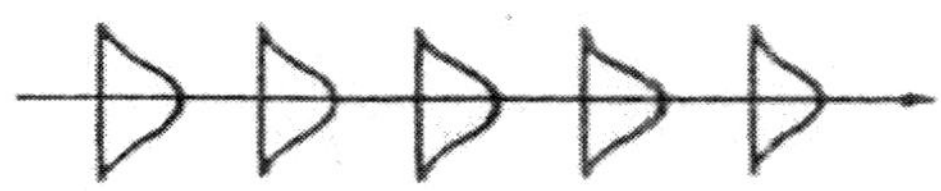

그림 10. 완전한 관리상태

표 8. 관리한계 일람표

관리도의 종류	공식	의미
x	$\bar{\bar{x}} \pm A_2\bar{R}$	3 × (표준편차) = $A_2\bar{R}$
R	$D_4\bar{R}$, $D_3\bar{R}$	$\bar{R}$ + 3 × (표준편차) = $D_4\bar{R}$ $\bar{R}$ − 3 × (표준편차) = $D_3\bar{R}$
$\tilde{x}$	$\bar{\tilde{x}} \pm m_3A_2\bar{R}$	3 × (표준편차) = $m_3A_2\bar{R}$
x	$\bar{\bar{x}} \pm E_2\bar{R}$ $\bar{\bar{x}} \pm 2.66\bar{R}_s$	3 × (표준편차) = $E_2\bar{R}$ 3 × (표준편차) = $2.56\bar{R}_s$
p	$\bar{p} \pm 3\sqrt{\frac{\bar{p}(1-\bar{p})}{n}}$	표준편차 = $\sqrt{\frac{\bar{p}(1-\bar{p})}{n}}$
pn	$\bar{pn} \pm 3\sqrt{\bar{pn}(1-\bar{p})}$	표준편차 = $\sqrt{\bar{pn}(1-\bar{p})}$
c	$\bar{c} \pm 3\sqrt{\bar{c}}$	표준편차 = $\sqrt{\bar{c}}$
u	$u \pm 3\sqrt{\frac{\bar{u}}{n}}$	표준편차 = $\sqrt{\frac{\bar{u}}{n}}$

3 관리도에서 점의 배열상태를 보는 법

점이 관리한계선 밖에, 또는 선상에 걸쳐 있을때는 분명히 이상이라고 판정되므로 설명할 필요가 없으나, 여기서는 점의 배열상태의 경향을 보는 방법에 대한 판정기준에 대해서 설명한다.

1 런(run)

점이 중심선 – 엄밀하게 점을 상하 같은 수로 나누는 선(이를 메디안 선이라 함)-에 대하여 아래 어느 한 쪽으로 배열된 상태를 런 이라 하며, 한 쪽으로 잇달아 배열된 점의 수를 런의 길이라 한다(그림 11 참조).

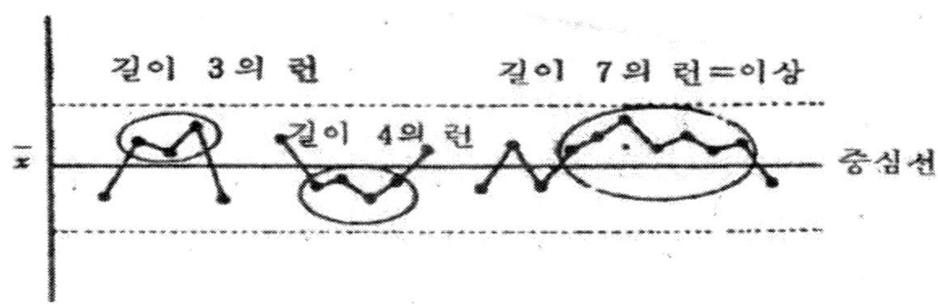

그림 11. 런 (run)

길이 7의 런(단순히 7의 런 이라고도 한다.)이 나오면 『공정에 이상이 있다』라고 판정한다. 또한 런의 길이가 6이하라도

① 연속 11점 중 적어도 10점이 (그림 12 참조)
② 연속 14점 중 적어도 12점이
③ 연속 20점 중 적어도 16점이

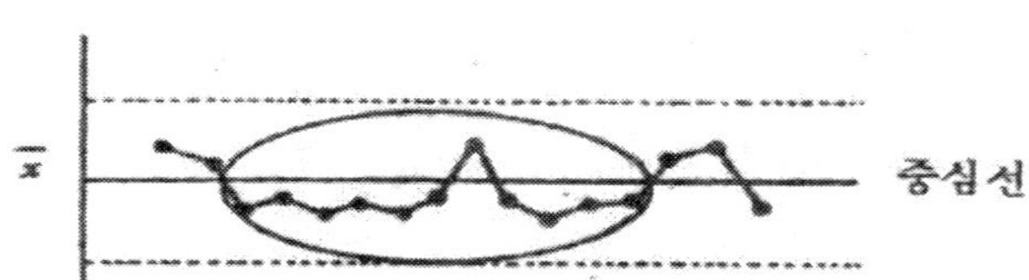

그림 12. 연속 11점 중 적어도 10점이 아래 점에 있는 예(이상)

중심선에 대해서 같은 쪽에 있을 때에도 『공정에 이상이 있다』라고 판정한다. 또한 이들의 판정은 $\bar{x}$ 관리도, $\tilde{x}$ 관리도, x 관리도에 대해서는 중심선과 메디안 선이 거의 일치한다고 생각되므로 중심선을 써도 좋으나 R 관리도, p 관리도, pn 관리도,

u 관리도, c 관리도에서는 분포가 찌그러져 있으므로 중심선과 메디안선이 일치하지 않기 때문에 반드시 메디안 선을 그어 런의 판정을 해야 한다.

❷ 경향

점이 연속해서 상승 또는 하강일 때는 경향이 있다라고 한다(그림 13 참조). 그러나 경향에는 국부적으로 파형이 상하변동을 하면서 장기적으로 보면 전체로서 상승 또는 하강의 경향을 갖는 경우도 있다(그림 14 참조).

경향에 대해서는 명확한 이상판정의 기준은 없으나 일단 원인을 추구해 볼 필요가 많다. 그러나, 그동안 점이 관리한계선 밖으로 나가거나 런으로서 이상이 검출되는 경우가 많다.

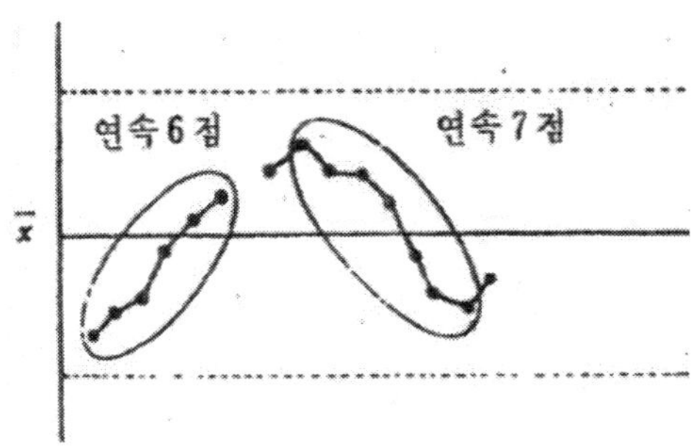

그림 13. 경향

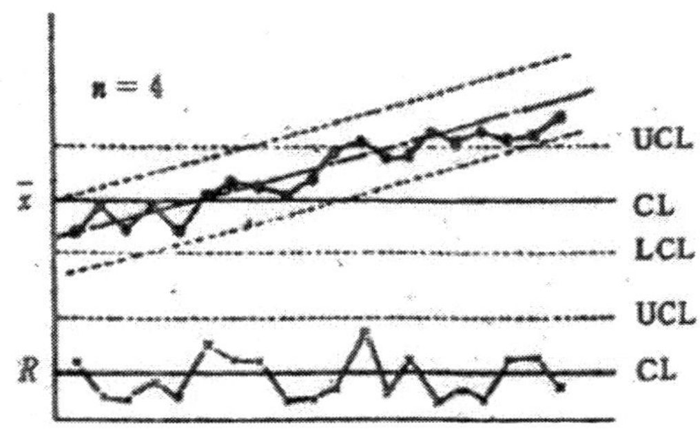

그림 14. 경향

❸ 점의 관리한계선에의 접근(2σ와 3σ사이에 있을 때)

중심선과 관리한계선의 폭을 3등분해서 그 가장 바깥쪽 폭안에

① 연속 3점 중 2점,

② 7점 중 3점,

③ 10점 중 4점이 들어가면 『공정에 이상이 있다』라고 판정한다(그림 15 참조)

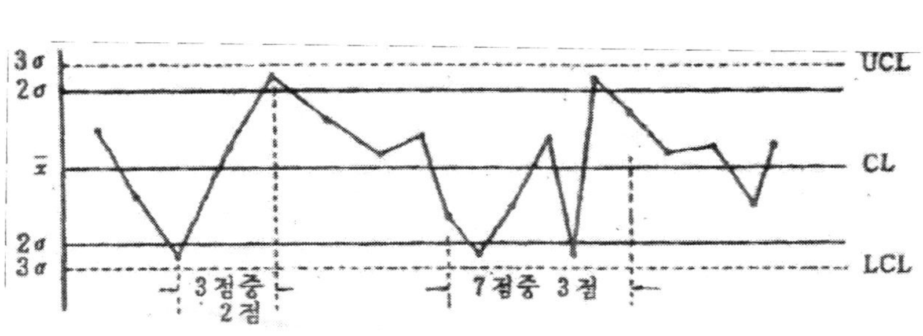

그림 15. 관리한계선에의 접근

4 중심선에의 접근

점의 대부분이 중심선과 상하 각각 관리한계선의 사이를 2등분하는 선 중앙의 폭안에 모여 있는 관리도는

① $\bar{x}-R$ 관리도나 $\tilde{x}-R$ 관리도에서는 군내에 층별하지 않으면 안되는 이질의 데이터가 포함되어 있는 경우

② 계수치의 관리도에서는 불량이나 결점을 눈으로 보거나 관능검사에 의하여 그 판정이 올바르게 이루어지는 경우에 나타난다(그림 16참조).

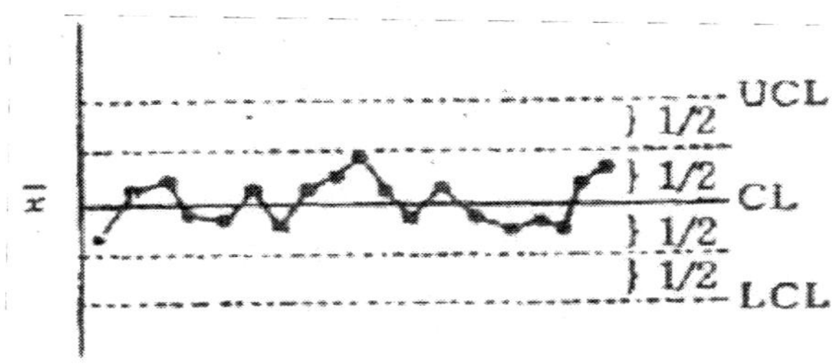

그림 16. 중심선에의 접근

중심선에 접근하는데 대한 명확한 이상판정 기준은 없으나, 좀 이상하다고 생각되면 반드시 원인을 추구해 볼 필요가 있다. 이와 같은 관리도는 점이 중심에 접근해 있으므로 『관리상태에 있다』고 생각하는 것은 잘못이다. 그 이유는 다음과 같다.

관리한계선은 중심선의 상하에 군내 산포의 3배 되는 것에 잡혀 있기 때문에 정상적인 공정에 의한 점이라면 상하 관리한계선내의 중앙에 많이 모이게 되고 위 아래쪽으로 갈수록 서서히 줄어들 것인데, 중심선 부근에만 모인다는 것은 이상이다.

또, 이런 때는 군내 산포는 너무나도 커졌으며, 군내 산포는 이미 설명한 바와 같이 우연원인에 의한 산포이어야 하는 데 너무 크다는 것은 우연원인에 의한 산포가 들어가 있다고 생각된다(그림 17참조).

5 주기성

일정한 간격으로 같은 모양으로 점의 움직임(상승경향이나 하강경향)이 나타날 때는 주기성이 있다고 한다(그림 18참조). 주기성에도 국부적으로 보면 작은 물결이 상하변동을 하면서 장기적으로 보면 큰 물결의 주기성을 갖는 때가 있다. 주기성에는 명확한 이상판정 기준은 없으나 주기성이 있으면 점이 관리한계선 밖으로 나가거나 국부적으로 런이나 경향으로 나타나므로 이상으로 판단되는 수가 많다. 그러나 전체로서 주기성이

있는 것에 대해서는 번잡하더라도 데이터를 그래프로 해서 검토하는 수밖에 없다.

주기성에는 4계절의 변도에 따른 1년간의 주기, 1개월 단위의 주기, 주 단위의 주기, 하루 마 다의 주기 등을 생각할 수 있다. 어떠한 주기가 나타날지 기술적인 판단도 중요하다. 관리도에 주기성이 보이면, 공정에도 주기성이 있다고 보아도 좋으나, 관리도 상에는 보이지 않아도 공정에 주기성이 있는 경우도 있다.

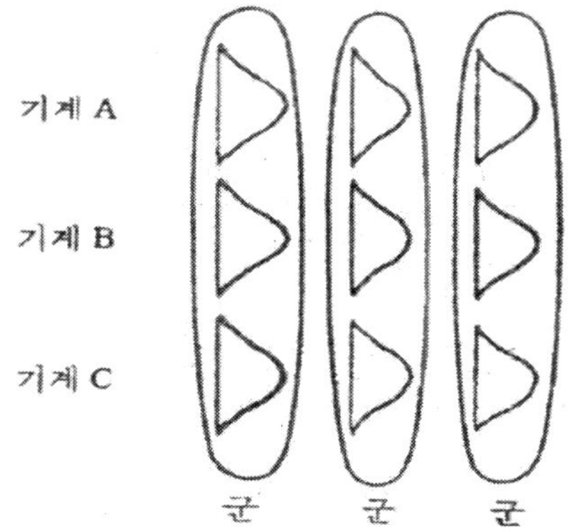

그림 17. 군이 이질의 데이터로 구성된다.

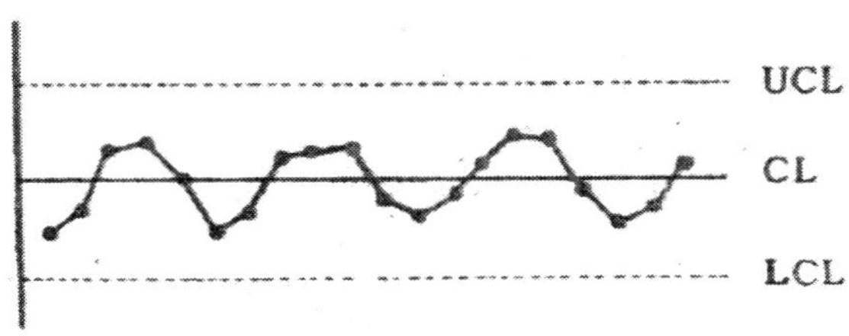

그림 18. 주기성

5. 공정능력과 공정능력 지수

공정능력이란 **『공정은 어느 정도의 품질의 물품을 생산할 수 있는가』라는 능력**을 말하며, 공정이 관리상태에 있을 때의 군내 산포를 나타낸다. **공정능력지수** C_p란 **『그 공정능력에서는 어느 정도 규격을 만족할 수 있는가』를 체크하기 위해서 쓰는 계수**이다. 공정능력지수 C_p는 관리상태에 있는 $\bar{x}-R$관리도, $\tilde{x}-R$관리도, 또는 $x-R_s$ 관리도에서 다음 식에 의하여 구한다. 우선 공정능력을 표준편차로 나타낸 값 $\hat{\sigma}_p$를 구한다.

$$\hat{\sigma}_p = \frac{\overline{R}}{d_2} \text{(R 관리도에서 구할 때)}$$

또는,

$$\hat{\sigma}_p = \frac{\overline{R_s}}{1.128} \text{(}R_s\text{ 관리도에서 구할 때)}$$

단, d_2는 군의 크기 n에 의해서 결정되는 값으로 『수치표』에서 구한다. 다음에 공정능력지수 C_p를 구한다.

1) 양쪽 규격(양쪽에 규격치가 있다)의 경우:

$$C_p = \frac{S_U - S_L}{6\hat{\sigma}_p}$$

2) 한쪽 규격(한쪽에만 규격치가 있다)의 경우:

$$C_p = \frac{S_U - \overline{x}}{3\hat{\sigma}_p}$$

또,

$$C_p = \frac{\overline{x} - S_L}{3\hat{\sigma}_p}$$

여기서 S_U는 규격상한, S_L은 규격하한이고, $\overline{x}$는 $\tilde{x}$ 관리도일 때에는 $\overline{\tilde{x}}$를 쓰고, x관리도일 때는 $\overline{x}$를 쓰면 된다. 얻어진 C_p는 표 9, 10의 기준에 따라 공정능력의 판단이 쓴다.

표 9. 공정능력 기준

C_p	판　　　단
1.33 이상	공정능력은 충분하다.
1~1.33	공정능력은 거의 양호하다.
1 이하	공정능력은 부족하다.

표 10. 공정능력 지수(C_p)와 공정의 안정도

공정능력지수(C_p) 의 범위	1.00 이하	1.01 ~ 1.32	1.33 이상
공정의 안정도	부족하다	적당하다	충분하다
분포상태	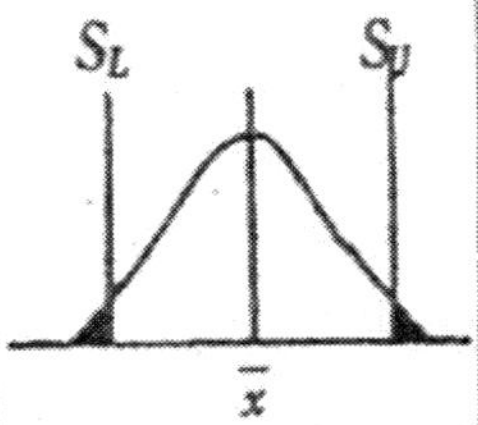	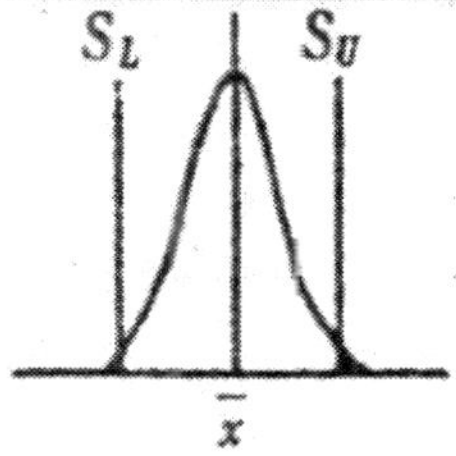	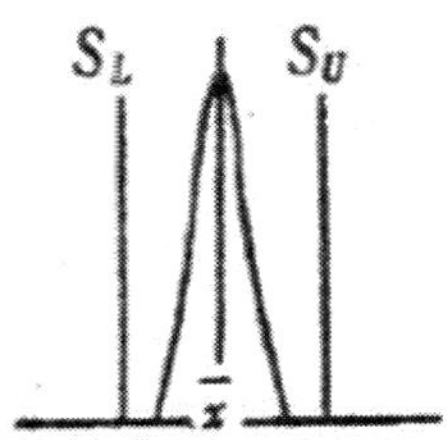

제 2 절 식품의 공정관리

1. 식품의 품질특성

식품의 경우에는 그 품질특성이 다른 공업 제품과 크게 다른 점이 있다.

첫째로, 식품은 생물자원을 주원료로 하므로 균일한 원료를 획득하기가 대단히 어렵고, 따라서 일관성 있는 제품 품질을 유지하기 어렵다. 대부분의 농산물이 재배지역 기후조건, 수확시기에 따라 성분조성과 구조가 달라지기 때문에 이로부터 만든 가공식품 역시 원료의 상태에 따라 그 품질이 크게 달라 질 수 있다.

둘째로, 대부분의 원료가 살아있는 상태의 것이거나 화학적으로 쉽게 변질될 수 있는 것들이므로 수확하여 가공하는 과정까지의 보존기간과 관리조건이 최종제품에 커다란 영향을 미칠 수 있다. 또한 가공된 제품이 소비자 손에 들어가 섭취되는 순간까지도 계속적으로 변질될 수 있으므로 그 기간의 보존조건이 대단히 중요한 요소가 되는 것이다.

따라서, 식품이 제조된 순간의 품질 이외에도 필요한 유통과정을 거쳐 소비자에 의하여 섭취되는 순간까지의 보존성(self life)까지도 품질요소에 고려되어야 하는 것이다. 식품의 부적당한 저장이나 유통관리는 여러 가지 수인성 질병이나 식중독을 유발시킬 수 있으므로 사회보건적 차원에서 통제되어야 하는 요소를 포함하게 되는 것이다.

셋째로, 식품은 인체에 필요한 영양성분의 공급에 궁극적인 목적이 있으나, 이들 영향이나 보건성은 직접적으로 판단하기 어렵고 대부분 관능적 기호에 의하여 선택하게 된다. 특히 원료의 원형을 파괴한 가공식품에서는 적절한 표시가 없이는 그 영양적 가치를 판단할 수 없다. 이러한 이유로 식품의 규격표시가 필요하게 되는 것이다.

넷째로, 식품에 대한 기호는 오랜 시일을 두고 습관화되면서 형성되는 것이며, 민족이나 지역에 따라 또한 신체적 조건에 따라 달라지는 것이다. 일정 제품에 대한 각 개인의 기호는 크게 다를 수 있으며, 또한 각 제품에 대하여 각자가 기대하는 가치(맛) 역시 크게 다를 수 있다. 이러한 점이 식품을 규격화하기 어렵게 만드는 요소이기도 하다.

다섯째로, 식품은 한번 섭취하면 돌이킬 수 없는 강한 인상을 남기게 된다. 구두를 신어보고 맞지 않으면 다른 것을 선택할 수 있지만 일단 입속에 넣은 식품은 인체에 커다란 감응을 주게 된다. 특히 예기치 못한 이물질의 발견이나, 맛의 변질, 더 나아가 식중독 사태 등을 당하게 되면, 그 제품은 다시 선택하게 되지 않는다. 이러한 점에서 식품산업에서 생산하는 제품의 결격율은 다른 공산품 보다 더 낮은 수준으로 정해져야 하는 것이다.

위에서 언급한 바와 같이 식품은 다른 공산품에서 볼 수 없는 품질 특성을 가지고 있으므로 식품공업에서 일반 공업품질관리이론을 적용하는 데는 여러 가지 어려움을 겪게 된다. 일반 공업품질 관리이론의 골자는 계속적으로 쏟아져 나오는 제품을 정하여진 규격(specification)범위내에 포함시키기 위한 수학적 방법론을 제시하는 것이다. 이때 사용되는 data는 대개 몇 가지 계량치 혹은 계수치로서 그 측정이 정확하고 분명하다. 예를 들어 나사못의 제조를 위한 품질관리의 경우를 보면, 그 크기와 강도를 정하여진 오차 범위에 맞추면 된다. 따라서 이 경우의 품질요소는 크기와 강도 두 가지 요소이며 분명하고 측정이 용이하다. 그러나 식품의 경우에는 궁극적으로 사람의 감각에 맞추어야 하며, 기호성, 위생성, 영양성 등 여러 가지 요소가 품질에 포함된다.

따라서, 식품공업품질관리에서는 먼저 식품의 품질요소를 정확히 분류, 정의하고 각 요소를 물리화학적으로 정의함으로써 그 객관적 측정치를 얻을 수 있도록 하여야 한다. 이와 같이 얻어진 data를 일반 공업품질관리 이론체계는 식품의 품질요소에 대한 분류, 정의와 그 측정방법을 제시하고 이들 측정치를 이용하여 수학적인 관리체제를 운영하는 방법들을 포함하는 것이다.

2. 식품의 품질요소 (quality attributes)

식품의 품질을 구성하는 3대 요소는 양적요소, 위생적 요소와 관능적 요소이다.

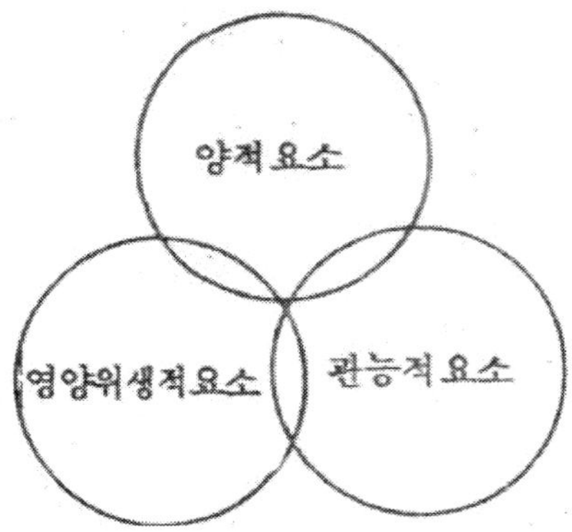

그림 19. 식품의 3대 품질요소

1) 양적요소

품질을 평가하는 일차적인 요소로서 무게, 부피, 갯수, 고형분 함량, 침전물의 양 등 양적으로 측정하거나 계산할 수 있는 것이다.

2) 영양 및 위생적 요소

이것은 겉으로 알 수 없는 요소(hidden attribute)인데, 다음과 같은 것이 있다.

① 화학적 조성

열량소와 보존료 등의 화학 성분을 말하며 칼로리 등 인체에 필요한 영양소의 포장 공급능력을 말한다. 포장식품의 경우에는 특정 영양성분이 중요한 의미를 가질 때 그 함량을 포장 외부에 표시하게 되어 있다.

② 영양소의 질과 효율

식품중의 영양소의 질과 효율(availability)은 제조과정에 따라 변하기도 한다. 우유 등의 단백질성 식품이나 가열에 의해 쉽게 파괴되는 성분이 그러한 보기에 속한다. 제조조건에 따라 생기는 질과 효율의 변화는 관능적 요소의 변화를 수반하기도 하고 그렇지 않는 수도 있다. 과열에 의한 유제품의 변화는 단백가(protein value)의 저하와 풍미의 손상을 동반하고 과즙의 과열처리에 의한 것은 비타민의 손실을 가져오나 풍미는 변화가 없다.

③ 영양 저해요소의 유무

자연 식품은 다소 영양 저해요소를 갖는 경우가 있다. 이들 요소는 가공처리에 의해 제거되나 부적당한 제조공정으로는 이들이 그대로 남는 경우가 있다. 두류제품에서의 트립신 저해 인자가 그러한 예이다. 트립신 저해인자는 열에 불안정하며 두류제품에 남아있는 효소의 활성을 측정하여 가공 중의 가열처리가 저해인자의 제거에 충분했는지를 점검할 수 있다.

④ 이물질과 독소물질의 혼입

제조공정 중에 쇠붙이, 돌, 머리카락, 곤충, 화공약품 등의 혼입이 일어나기 쉽다. 원료의 정선이 제대로 이루어지지 않을 때에도 문제가 발생하는데, 이 물질의 혼입은 세심한 공정관리로서 예방되어야 한다.

⑤ 첨가물

허용된 첨가물이라도 사용농도가 높으면 인체에 유해할 수 있다는 것을 명심해야 한다. 식품첨가물의 사용원칙은 『위험과 이득의 수지(risk and benefit balance)』에 따라야 한다. 사용함으로써 생기는 위험보다는 얻는 이득이 더 크기 때문에 허용되는 것이므로 꼭 필요한 곳에 허용량 이내를 사용하도록 한다.

⑥ 유해미생물의 유무

식품에는 전염성 세균(food infection)과 독소세균(food poisoning)이 있어서는 안된다. 이들의 생육가능성을 배제하는 것은 식품제조 공정관리에서 매우 중요한 것이다. 미생물에 의한 독소 중 곰팡이에 의한 마이코톡신(mycotoxin)은 원료에서 오염된다. 장기 수송과 저장을 한 수입 곡류를 원료로 하는 제조에선 마이코톡신의 오염을 조사해야 한다. 미생물의 오염은 주위환경과 공장의 청결이 가장 중요한 요소이며, 공장내의 기구와 시설은 청소하기 쉽게 제작되고 배치되어야 한다. 식품에 따라서는 그 허용 균수가 정해져 있다.

3) 관능적 요소

양적요소와 영양위생적 요소는 관계 당국에 의해 기준이 정해져 통제되는 품질요소로 되어 있으나 관능적 요소는 그렇지 않다. 이 관능적 요소는 소비자가 식품의 품질을 평가하는 가장 중요한 것으로 되어 있다. 관능적 요소는 매우 복잡한데 대개 시각, 청각, 후각, 미각, 촉각 등 오관에 의해 판정을 한다. 일반적으로 식품의 관능적 품질요소는 겉모양(appearance), 풍미(flavor)와 텍스추어(texture)로 분류한다. 그림 20에서 보는 바와 같이 겉모양은 색깔, 크기, 모양과 같은 시각적 요소들이며. 풍미는 냄새와 맛을 포함하는 후각, 미각적 요소들이고 텍스추어는 근육운동에 의해 느낄 수 있는 성질(kinesthotics)과 촉감, 청각 등에 의하여 느낄수 있는 요소들이다. 겉보기에 변질되어 있거나 포장이 제대로 안되어 있는 불량품(defects)은 외관과 풍미의 변화를 대부분 함께 가져오는 일이 많다. 입속에서의 식품의 느낌(mouthfeel)은 맛과 냄새에 따라 더 부드럽게 느껴지거나 더 딱딱하게 느껴지기도 한다. 풍미와 겉모양에 따라 침의 분비량이 달라지며 그 결과에 따라 느낌의 차이가 생기는 것이다. 식품의 관능적 품질요소를 측정하는 방법은 관능검사법(Organoleptic method or sensory evalution)과 기계적 측정법(instrumental method)으로 크게 나눌 수 있다. 관능검사법은 식품에 대한 기호도의 차이, 식별능력의 차이, 표현방법의 차이, 편견, 기분의 변화 등으로 재현성 있게 검사결과를 얻기 어려운 점이 있다.

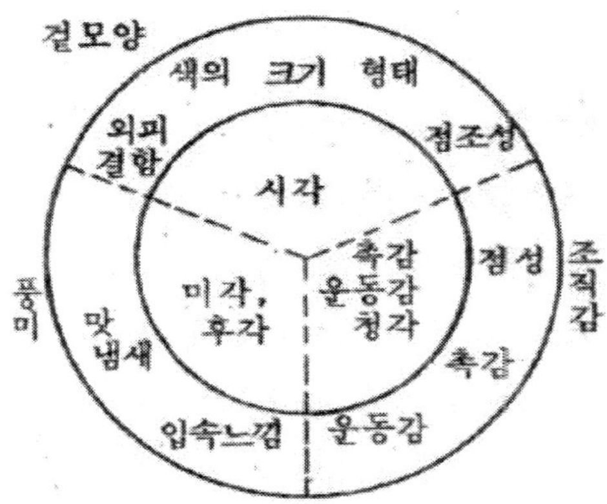

그림 20. 관능적 요소

표 11. 감각요소와 유체변형성에 의한 조직감 요소

<table>
<tr><td rowspan="3">심리학 및 감각적 용어</td><td colspan="3">물리 및 물체변형용어</td></tr>
<tr><td colspan="2">중력 이하</td><td rowspan="2">중력 이상
(고체 및 반고체)</td></tr>
<tr><td>뉴우턴액체</td><td>비뉴우턴액체</td></tr>
<tr><td>시각, 흐름, 퍼짐</td><td rowspan="2">점 성</td><td rowspan="2">점 조 성</td><td rowspan="2">협의의 조직감</td></tr>
<tr><td>촉각, 입, 손가락</td></tr>
<tr><td>맛, 냄새</td><td colspan="3">풍 미</td></tr>
</table>

3. 중간검사 및 제조작업표준

각 공정의 안전성 유지를 위해 각 공정 단계별로 중간검사와 관리항목을 설정하여 관리하여야 하며, 최종제품의 품질을 사전 관리할 수 있도록 각 공정 단계별로 중간검사를 실시하고 있어야 한다. 그리고, 제조작업 표준은 각 공정에 대하여 사용설비, 작업방법, 작업조건, 작업상의 유의사항 등을 규정하고 이에 따라 실시하여야 하며, 현장 라인에 실제적으로 적용되고 작업원은 이를 숙지, 활용하고 있어야 한다.

제 3 절 식품공정관리의 실예

1. 중량관리 실시예

육제품 공장에서 생산하고 있는 소시지 제품의 중량관리를 소개하면 심사기준에 정해진 중량의 판정기준은 AQL=4.0을 적용하고 있고, 단, 평균 내용량은 표시량 이상이고 부족량의 허용범위는 계량법에서 정하는 기준 이내이어야 한다고 규정하고 있다.
이것을 구체적인 예를 들어 설명하기로 하자.

소시지의 제품중량이 200g인 것의 중량관리를 $\bar{x}-R$관리도로 계량관리의 예를 살펴보면 다음과 같다.

표 12. $\overline{x}-R$ 관리도 데이터 시트

$\overline{x}-R$ 관리도 데이터 시트

No.

제품명칭		VN200g	제조명령번호			기간	
품질특성		제품 계량	부서명		무균포장실		
측정단위		1g	기준일일생산량			기계번호	
규격한계	최대	205.8	시료	크기	n=5	작업원	
	최소	200.0		간격	1시간	검사원 성명 및 날인	㊞
규격번호			측정기번호				

일시	군번호	측정치 x_1	x_2	x_3	x_4	x_5	계 Σx	평균치 $\overline{x}$	범위 R	적요
12/1A	1	203	200	201	201	200	1.005	201.0	3	
P	2	205	201	200	200	204	1.010	202.0	5	
2 A	3	207	200	201	201	204	1.013	202.6	7	
P	4	203	205	203	200	201	1.012	202.4	5	
3 A	5	204	201	200	202	202	1.009	201.8	4	
P	6	203	201	201	200	204	1.009	201.8	4	
4 A	7	205	200	201	204	204	1.014	202.8	5	
P	8	203	201	203	207	200	1.014	202.8	7	
5 A	9	204	200	200	201	203	1.009	201.8	4	
P	10	201	201	203	204	201	1.010	202.0	3	
6 A	11	202	203	204	207	201	1.017	203.4	6	
P	12	201	200	203	205	202	1.011	202.2	5	
9 A	13	201	200	201	200	205	1.007	202.2	5	
P	14	203	201	207	201	205	1.017	203.4	6	
10 A	15	204	206	206	204	201	1.021	204.2	5	
P	16	205	200	201	201	202	1.009	201.8	5	
11 A	17	201	200	200	201	203	1.005	201.0	3	
P	18	204	205	206	201	206	1.022	204.4	5	
12 A	19	204	207	203	204	201	1.019	203.8	6	
P	20	201	200	204	205	204	1.014	202.8	5	
13 A	21	203	201	200	200	202	1.006	201.2	3	
P	22	207	204	205	205	205	1.026	205.2	3	
16 A	23	204	203	200	200	200	1.014	202.8	7	
P	24	201	201	203	200	201	1.006	201.2	3	
17 A	25	203	201	201	203	202	1.010	202.0	2	
P	26	207	201	203	206	201	1.018	203.6	6	
18 A	27	200	204	201	201	200	1.008	201.6	4	
P	28	200	207	207	201	204	1.019	203.8	7	
19 A	29	205	204	201	207	204	1.021	204.2	6	
P	30	201	207	208	201	200	1.017	203.4	7	

$\overline{x}$ 관리도

$UCL=\overline{\overline{x}}+A_2\overline{R}=$

$LCL=\overline{\overline{x}}-A_2\overline{R}=$

R 관리도

$UCL=D_4\overline{R}=$

$LCL=D_3\overline{R}=$

계

$\overline{\overline{x}}=$　　$\overline{R}=$

x	A_3	D_4	D_3
4	0.73	2.28	-
5	0.58	2.11	-

기 사

표 13. $\chi - R$ 관리도 테이터 시트

$x - R$ 관리도 테이터 시트 No.

제 품 명 칭		VN200g	제조명령번호			기 간	
품 질 특 성		제품 계량	부 서 명		무균포장실		
측 정 단 위		1g	기준일일생산량			기 계 번 호	
규격 한계	최대	205.8	시 료	크 기	n=5	작 업 원	
	최소	200.0		간 격	1시간	검 사 원 성명 및 날인	㊞
규 격 번 호			측정기번호				

일시	군번호	측정치 x_1	측정치 x_2	측정치 x_3	측정치 x_4	측정치 x_5	계 $\sum x$	평균치 $\bar{x}$	범위 R	적 요
20 A	1	201	201	203	202	205	1.012	202.4	4	
P	2	205	204	201	200	204	1.014	202.8	5	
23 A	3	207	200	201	201	203	1.011	202.2	7	
P	4	201	201	202	202	201	1.005	201.0	2	
24 A	5	200	204	201	201	207	1.019	203.8	7	
P	6	203	202	202	202	203	1.011	202.2	2	
27 A	7	201	202	204	204	203	1.011	202.2	3	
P	8	207	201	201	201	203	1.016	203.2	6	
28 A	9	204	204	202	202	200	1.002	202.4	4	
P	10	202	201	201	201	204	1.010	202.0	3	
29 A	11	201	200	202	202	201	1.017	201.4	3	
	12									
	13									
	14									
	15									
	16									
	17									
	18									
	19									
	20									
	21									
	22									
	23									
	24									
	25									
	26									
	27									
	28									
	29									
	30									

$\bar{x}$ 관리도

$UCL = \bar{\bar{x}} + A_2\bar{R} = 205.3$

$LCL = \bar{\bar{x}} - A_2\bar{R} = 199.9$

R 관리도

$UCL = D_4\bar{R} = 9.9$

$LCL = D_3\bar{R} =$

계

$\bar{\bar{x}}$ = 202.6 $\bar{R}$ = 4.7

x	A_3	D_4	D_3
4	0.73	2.28	-
5	0.58	2.11	-

기 사

2. 공정관리 실시예

공 정 명	공 정 도	검사 및 관리항목	검사 및 관리방법	실시사항	제조작업표준
원료입고	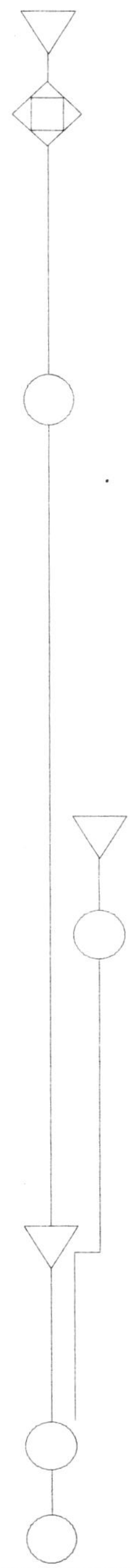	·돈육의 구입선별 분류 ·검량 ·수입검사			원료처리 제조작업표준
지육예냉		·예냉온도 ·지육의 중심온도 ·지육의 예냉시간	0~5℃ 5℃↓ (안쪽 볼깃살) 24시간 이하		원료처리 제조작업표준
원료처리		·중간검사 (원료육의 신선도) ·소시지육의 지방함량 ·원료육의 중심온도 ·골발상태 ·정형후 육온 ·정형후 pH ·선육(정형)	신선도(VBN) 20mg%↓ 30±2% 5~10℃ 양호(중)이상 10℃↓ 5.0~6.2 선육실적 -림프샘제거 (혈반점육포함)		원료처리 제조작업표준
동 결		·급속동결실 온도 ·완만동결실 온도	-35℃↓ -20℃↓		
해 동		·해동후 온도 ·자연해동 ·유수해동 ·해동수온	0~2℃		원료처리 제조작업표준
원료육예냉		·원료예냉실 온도 ·육의 온도 ·예냉 시간	0~5℃ 6℃↓ 24시간이하		염지혼화 제조작업표준
세 절		·쵸핑육온도	8℃↓		염지혼화 제조작업표준
혼 화		·결착제 배합량 (점분의 함량)	3%↓		염지혼화 제조작업표준

공 정 명	공 정 도	검사 및 관리항목	검사 및 관리방법	실시사항	제조작업표준
		·혼화육의 온도	13℃↓		
		·중간검사 결착력	양호이상		
충 전	○	·충전규격 -노 즐 -충 전 압 -케 이 싱 -충전중량	규격확인 4.5~6.0 (kg/cal) VN:콜라겐#17		충전제조작업표준
		-충전육온 -위생카바	15℃↓ 실시여부점검		
		-잔육처리 -열처리 대기시간	냉장 또는 재투입 1시간이하		
열 처 리	○	·훈연색상	중간검사 -작업시 관리 (양호이상)		열처리 제조작업표준
		·열처리시간			
		·제품중심온도			
냉 각	○	·냉각수온 ·제품온도	16℃↓ 19~21℃		열처리 제조작업표준
포 장	○	·포장실온도 ·제품중심온도 (방냉 후) ·제품외관	10℃↓ 15℃↓ 제품검사기준 (자체육안선별) 85℃/15분		포장제조작업표준
		·2차살균 ·계량관리 ·불량율 ·제품보관온도 ·제품검사	$\overline{x}-R$관리도 p관리도		박싱제조작업표준
박 싱	○	·일부인 (작업중 점검)	정상여부		박싱제조작업표준

제 4 절 공정관리의 공장심사개요

구비요건	심사내용	평점	주요검토사항	확인자료
• 검사 또는 공정관리방법 -해당제품의 품질이 KS수준 이상으로 유지될 수 있도록 품질관리기법을 적용하여 중간검사 또는 공정관리 방법을 규정하고 있어야 한다.	• 공정관리로 중간검사를 대체할 수 있도록 각 공정이 안정되어 있으며 작업자는 제조작업표준에 따라 작업을 실시하고 있는 경우	A	• 공정별로 관리항목과 관리방법, 품질특성과 그 검사방법 및 품질에 관련된 관리방법이 어떻게 규정되어 있는지 여부	• 공정관리도 (공정관리 일보) -관리항목 -관리기준 -운전일지 -검사기준 -기록 및 관리사항 (체크시트,관리도)
• 검사 또는 관리 실시사항	• 심사기준에 적합한 검사 및 공정관리를 실시하고 있으며, 주로 검사위주의 관리를 실시하고 작업자는 제조작업표준에 따라 작업을 실시하는 경우	B	• 작업의 실시사항, 설비의 작동상황 및 이들에 대한 기록과 실제 작업은 어떻게 관리되고 있는지 여부	• 관리항목에 대한 관리일지 • 검사항목에 대한 검사일지 (중간검사성 적서)
-사내규격에 따라 검사 또는 관리를 실시하고 또 그 기록을 활용하고 있어야 하며 공정이 안정되어 있어야 한다.	• 작업조건이 불안정하고 중간검사도 미흡하여 품질특성이 수시 변동될 우려가 있는 경우	C	• 공정 중의 품질특성을 파악하기 위하여 검사는 어떻게 실시하고 있는지 여부 또, 공정의 안전성 파악(예, 검사기록, 관리도 등)을 위해 사내검사 및 관리기록 점검.	• 검사방법
• 제조작업표준 -각 공정에 대하여 사용설비, 작업방법, 작업조건, 작업상의 유의사항 등을 규정하고 이에 따라 실시하고 있어야 한다.			• 심사기준에 정해진 중간검사 및 관리항목의 현장시험실시	

1. 공정관리 작성양식

공 정 명	공 정 도	검사 및 관리항목	검사 및 관리방법	실시사항	제조작업표준

제 5 절 KS표시허가 취득업체의 사후관리 방향

1. 법적근거

농수축산 가공식품 표준화에 관한 운영요강 중 사후관리 요령에 의거 실시함.

2. 사후관리 계획수립

농림부장관은 허가공장에 대하여 법제 20조의 2규정에 의한 시판품조사와 시행령 제33조의 3규정에 의한 검사를 실시함에 있어 매년 분기별로 사후관리계획을 수립하고 필요한 경우 수시 계획을 수립한다.

3. 시판품 조사

① 법제 20조의 2 규정에 의한 시판품 조사시 채취하는 시료의 양은 심사기준을 준용한다.

② 유통과정에서 시료채취가 어려운 제품에 대하여는 당해 공장에서 시료를 채취할 수 있으며, 시료채취가 불가능하거나. 중량물, 고가품 등에 대하여는 법제 20조의 규정에 의한 공장검사를 실시할 수 있다.

4. 공장검사

① 시행령 제 33조의 3 제 1항에 의한 공장검사는 별표1에 의거 실시한다.

② 공장검사관은 당해부문을 담당하는 공무원과 한국식품개발연구원등 관련연구검사기관의 전문가 중에서 지명하며 필요에 따라 관계부처의 공무원 또는 전문가의 협조를 얻을 수 있다.

③ 제 1항의 규정에 의하여 공장검사를 실시할 경우 필요하다고 인정할 때에는 허가공장 또는 승인공장에 대하여 시료를 요구할 수 있으며 제품시험을 원칙으로 한다.

다만, 시료가 중량물이거나 시료의 성질상 운반이 곤란하거나 관련연구 검사기관의 시설미비 등 외부시험의뢰가 곤란할 경우에는 현장시험을 할 수 있다.

④ 공장검사관은 공장검사를 완료한 후 공장검사 결과를 보고하고 농림부장관은 표시품 생산이 가능한 때에는 표시품 생산의 계속 승인 통고를 하고 표시허가 기준에 위반되어 표시품 생산이 곤란하다고 인정될 때에는 제 30조의 규정에 의거 처분한다.

5. 처분회의

① 법제 21조 제1항의 규정에 의하여 공장검사 또는 시판품 조사를 한 공장에 대해 제 30조에 의한 처분내용을 심의하기 위하여 처분회의를 둔다.

② 처분회의의 의장은 주무국장이 되며 위원은 담당과장, 법무담당관 및 농림부장관이 필요하다고 인정되는 자로 구성하되 2/3 이상의 출석과 2/3 이상의 찬성으로 처분 결정한다.

③ 처분회의에는 다음의 자료를 상정하여 심의하여야 한다.

1. 공장검사결과 또는 시판품 조사결과 판명된 내용
2. 법제 21조 제 3항의 규정에 의한 당해 제조자 또는 대리인의 판명 자료(판명의 기회를 부여한 날로부터 7일이내에 접수된 것에 한함)

6. 처분

① 법제21조 제 1항에 의거 처분할 때에는 표시허가 구분별로 별표2에 의거 조치한다.

② 제1항의 처분을 할 때에는 처분내용을 당해 공장에 통고하고 당해 공장은 처분기간내에 시정결과를 보고하여야 한다. 다만, 제1항 및 제5항에 의거 허가 또는 승인이 취소된 공장은 6개월 이내에 재신청 할 수 없다.

③ 제2항의 규정에 의거 시정보고가 있을 때에는 허가공장 또는 승인공장에 표시품 생산여부를 결정하여 통보한다. 이 경우 시정결과에 대한 확인이 필요한 경우에는 공장검사를 행하여야 한다.

④ 제 3항의 시정결과 보고내용의 확인에 관한 공장검사는 심사기준에 의하여 실시한다.

다만, 주의경고 경우에는 당해 항목만을 검사한다.

⑤ 제1항의 처분 중 표시정지 또는 판매정지 처분에 따라 제4항의 시정보고가 있어 그 확인검사를 할 경우 다음 기준에 의거 조치한다.

1. 확인검사결과 처분기간내에 합격으로 판명된 경우 : 처분기간 만료일에 처분해제
2. 확인검사결과 처분기간 이후에 합격으로 판명된 경우 : 합격으로 판명된 날에 처분해제
3. 확인검사결과 불합격으로 판명된 경우 : 불합격으로 판명된 날에 허가 또는 승인취소

⑥ 농림부장관은 제1항의 규정에 의한 처분사항을 당해 공장이 이행하고 있는지의 여부를 확인하여야 한다.

7. 표시품 선전

허가공장 또는 승인공장이 표시품의 선전시 시행규칙 제21조 제 1항의 규정에 의한 준수사항을 위반하였을 때에는 다음과 같이 조치한다.

1. **시정경고** : 소비자가 오인 혼동할 우려가 있는 선전을 할 때
2. **선전중지** : 표시품의 선전시 준수사항을 위반하든가 또는 시정경고에 부당한 사유 없이 시정하지 아니할 때

8. 생산중단 보고

시행규칙 제13조 3항(시행규칙 제24조의 규정에서 준용하는 경우를 포함한다)의 규정에 의한 생산중단 보고는 그 기간이 계속하여 3개월 이상일 경우에 생산중단 사유와 중단기간을 농림부 장관에게 보고하여야 한다.

9. 기록카드 비치

농림부장관은 허가공장 또는 승인공장의 사후관리를 위하여 별도로 정하는 기록카드를 작성 비치한다.

10. 사후관리 면제

① 공업표준화의 확산을 촉진하기 위하여 공업표준화 실시상태가 우수한 허가공장에 수여하는 공업표준화상을 수여한 업체에 대하여는 다음에 의거 일정기간 사후관리 (법제 20조의 2규정에 의한 시판품조사와 시행령 제33조의 3 제 1항 제 5호의 규정에 의한 공장검사에 한함)를 면제한다.

- 최우수상 : 수상한 익년부터 3년간
- 우 수 상 : 수상한 익년부터 2년간
- 장 려 상 : 수상한 익년부터 1년간

② 제37조의 규정에 의하여 구성된 품목별 KS업체 협의회 중 자율적인 사후관리 등 운영실태가 우수한 품목별 협의회에 대하여 농림부장관은 해당 협의회 소속회원 업체에 대한 사후관리(법 제20조의 2규정에 의한 시판품조사와 시행령 제33조의 3 제1항 제5호의 규정에 의한 공장검사에 한함)를 일정기간 면제할 수 있다.

별표 1

공 장 검 사 실 시 기 준

공 장 검 사 사 유	검 사 사 항
1. 이의신청을 받는 경우	심사기준 중 이의신청 내용을 확인하는 검사만을 실시
2. 시판품 조사결과 규격 표시품이 그 규격에 미달인 경우	심사기준 중 제품의 품질 및 표시사항에 대하여 검사
3. 생산조건이 변경된 경우	
가. 공장이 이전되는 경우	심사기준 중 제조설비, 검사설비, 제품의 품질 및 표시사항에 대하여 검사
나. 생산시설이 50%이상 확장 또는 축소되는 경우	심사기준 중 제조설비, 검사설비, 제품의 품질 및 표시사항에 대하여 검사
다. 규격개정 내용이 상향조정된 경우	심사기준 중 제품의 품질과 표시사항에 대하여 검사(다만, 규격개정 내용이 표시사항 등 경미한 내용으로서 제품의 품질수준 및 생산시설의 변경과 관련이 없는 사항일 경우에는 제품의 품질검사는 생략)
라. 주요원자재의 변경이 있는 경우	심사기준 중 자재의 품질, 제품의 품질 및 표시사항에 대하여 검사
마. 공장의 양도 또는 합병의 경우	심사기준 전항에 의하여 실시
4. 기타 농림부장관이 특히 필요하다가 인정한 경우 가. 시료 채취가 불가능하거나 중량물, 고가품 등일 경우 나. 교육대상자인 대표자가 정당한 사유없이 교육훈련을 이수하지 않은 경우 다. 기타 농림부장관이 필요하다고 인정한 경우	심사기준 전항에 의하여 실시

별표 2

검사 및 시판품 조사결과에 따른 처분기준

구분	처 분	조치내용	처 분 대 상
허가공정	1. 주의경고	1개월 이내에 시정결과 보고	가. 공장검사 결과 표시허가 심사기준에 정한 심사 항목의 관리 실적이 미비하여 규격위반이 발생할 우려가 있는 것으로 나타났으나 단기간내에 보완이 가능하다고 인정될 때 나. 규격위반 사항이 경미하여 사용상 지장이 없다고 판단될 때 다. 품질관리 담당자를 지정하지 않을 때 라. 농림부장관이 요청한 보고 및 규칙이 정한 각종 문서의 비치 및 보고를 하지 않거나 허위로 작성, 보고한 때 마. 제25조의 규정에 의한 표시 원부자재의 사용 의무를 이행하지 않을 때 바. 교정검사 대상기물에 대하여 국가교정검사관리 규정에 의한 교정주기에 따라 교정검사를 받지 않았을 때
	2. 표시변경	1개월 이내에 조치결과 보고	규격위반 사항이 제품의 종류 또는 등급을 변경함으로서 시정이 가능한 때
	3. 표시정지	3개월간 표시정지	가. 주의경고나 표시변경의 처분을 받고도 정당한 사유없이 시정하지 않았을 때 나. 규격위반 사항이 품질을 저하시켜 소비자에게 손실을 준다고 인정되었을 때 다. 제31조의 규정에 의한 표시품 선전시 제2호의 사항을 위반 하였을 때
	4. 판매정지	3개월간 판매정지	KS표시 명령품목으로서 규격위반 사항이 품질을 저하시켜 인명의 피해나 화재의 발생 등 공공의 이익을 해할 우려가 있거나 소비자에게 손실을 준다고 인정될 때(주의경고를 받고도 정당한 사유없이 시정하지 않았을 때를 포함)
		즉 시	제6호에 의한 표시의 제거가 기술적으로 매우 곤란할 때
	5. 허가취소	허가취소	가. 표시정지, 판매정지 또는 표시제거 처분을 위반하였거나 정당한 사유없이 시정하지 아니하였을 때

구분	처 분	조치내용	처 분 대 상
허가공정	5. 허가취소	허가취소	나. 동일규격 품목에 대하여 표시정지 판매정지 또는 표시제거 처분을 받았던 허가공장이 처분일자 이후 1년 이내에 다시 표시정지, 판매정지 또는 표시제거 처분의 사유에 해당되게 된 때 다. 규격위반제품에 사용된 자재, 시설, 장비 또는 공정 등으로 보아 규격위반 사실을 생산자가 제품생산 이전에 미리 알고 있었음이 객관적으로 인정된 때 라. 표시품의 생산중단기간이 계속하여 2년 이상인 때 마. 허가공장이 KS표시허가를 받지 아니한 공장으로 하여금 생산하게 한 제품을 자체생산 KS표시품으로 위장한 사실이 발견된 때 바. 기술수준이 뒤따르지 못하거나 표준화 및 품질관리 상태가 불량하여 KS표시품 생산이 불가능하다고 인정된 때 사. 폐업, 규격의 폐지 또는 기타의 사유로 표시품 생산이 불가능하다고 인정된 때
	6. 시판품 표시제거	즉시제거	표시정지, 판매정지, 허가취소의 경우
승인공정	1. 표시정지	3개월간 표시정지	가. 관계법령의 규정에 의한 각종 문서의 비치 및 보고를 하지 않거나 허위로 작성 또는 보고한 때 나. 규격위반 사항이 품질저하를 초래할 우려가 있는 경우 다. 제31조의 규정에 의한 표시품 선전시 제 2호의 사항을 위반하였을 때
	2. 승인취소	승인취소	가. 공장검사를 정당한 이유없이 거부, 방해 또는 기피한 때 나. 표시의 승인을 신청한 자가 공장심사를 위한 출장비 부담을 하지 않은 때 다. 허가공장의 제5호 허가취소에 정한 사유와 동등한 사유가 있다고 인정된 때

별표 3

KS 표시공장 사후관리 기록카아드

(　　년　　월　　일)

허가번호		규격번호	KS	전화번호	공장	Tel
허 가 일		품　　명			본사	Tel
공 장 명		등급또는 종　　류		대 표 자		

1. 허가(승인) 범위 변동사항

년 월 일	허가(승인)범위 (종류 또는 등급)	년 월 일	허가(승인)범위 (종류 또는 등급)

2. 허가(승인)후 변동사항

년 월 일	내　　　용	년 월 일	내　　　용

3. 처분사항

처분 일자	처분 구분	처분사유	해제 일자	처분 일자	처분 구분	처분사유	해제 일자

4. 공장검사

회 수 실시년월일 구 분	1	2	3	4	5	6	7	8
시 험 기 관								
결 과								

5. 시장조사

회 수 실시년월일 구 분	1	2	3	4	5	6	7
시 험 기 관							
결 과	( )	( )	( )	( )	( )	( )	( )

8	9	10	11	12	13	14	15	16
( )	( )	( )	( )	( )	( )	( )	( )	( )

6. 생산보고

범 례

표시품 생산량 / 비율%

월별 종류 년도별 또는 단위 등급			1 / 7	2 / 8	3 / 9	4 / 10	5 / 11	6 / 12	총계

7. 시험분석보고

년 도 별	종류 또는 등 급	1/4	2/4	3/4	4/4	비 고

제3장

가공식품의 유통관리

일반공산품은 제품이 출하된 후 품질의 변화가 전혀 발생되지 않거나 변화한다고 해도 그 변화의 정도는 거의 무시해도 좋은 수준일 것이나 식품의 경우는 출하된 후 시간이 경과함에 따라 제품의 품질이 저하하여 어느 시점에서는 소비자가 소비할 수 없는 상태에 이르게 된다. 따라서, 가공식품의 KS표시허가에 있어서는 타 공산품 부문에서 심사하지 않는 항목을 설정하여 이를 관리 하도록 하고 있다. 최근에는 일본 JAS제도에서도 유통관리를 규정하고자 하는 움직임이 일고 있다고 한다. 유통관리에 있어서는 유통제품의 관리를 철저히 하도록 하기 위해 유통장비, 유통종사원의 교육, 유통기한 설정, 유통기한 경과품에 대한 교환조치, 거래처와의 계약, 유통제품의 행정처벌유무, 불만처리 및 로트추적에 관한 사항을 규정하고 있는데 이들 각 항목에 대해 상술하면 다음과 같다.

제 1 절 가공식품의 유통관리 요령

1. 유통제품의 관리

유통제품의 관리란 가공식품의 품질이 유통중 KS수준이하로 저하하지 않게 포장, 진열, 운반하도록 유지하는 것을 말한다. 따라서 KS표시허가제품에 있어서는 이를 위해 각 제품마다 회사 설정에 맞게 규정 실시하고 있어야 한다.

유통관리 제품에 대한 평가항목 및 기중을 보면 다음과 같다.

평 가 항 목	평 가 기 준
가. 제품의 품질보증을 위하여 KS 및 개별 심사기준에 정한 유통제품의 관리사항을 회사설정에 적합하도록 구체적으로 규정하여 실시하고 있는가	a. 유통제품의 품질유지를 위한 보관, 운반, 진열 등에 대한 장비시설의 수준 및 수량이 완벽하고 그 활용 및 관리방법이 적절히 이행되는 경우 b. 유통제둠의 품질유지를 위한 보관, 운반, 진열에 대한 장비시설의 수준 및 관리방법이 다소 미흡한 경우 c. “b"에 미흡한 경우

유통관리에 대한 체계도의 일예를 보면 그림 1과 같다.

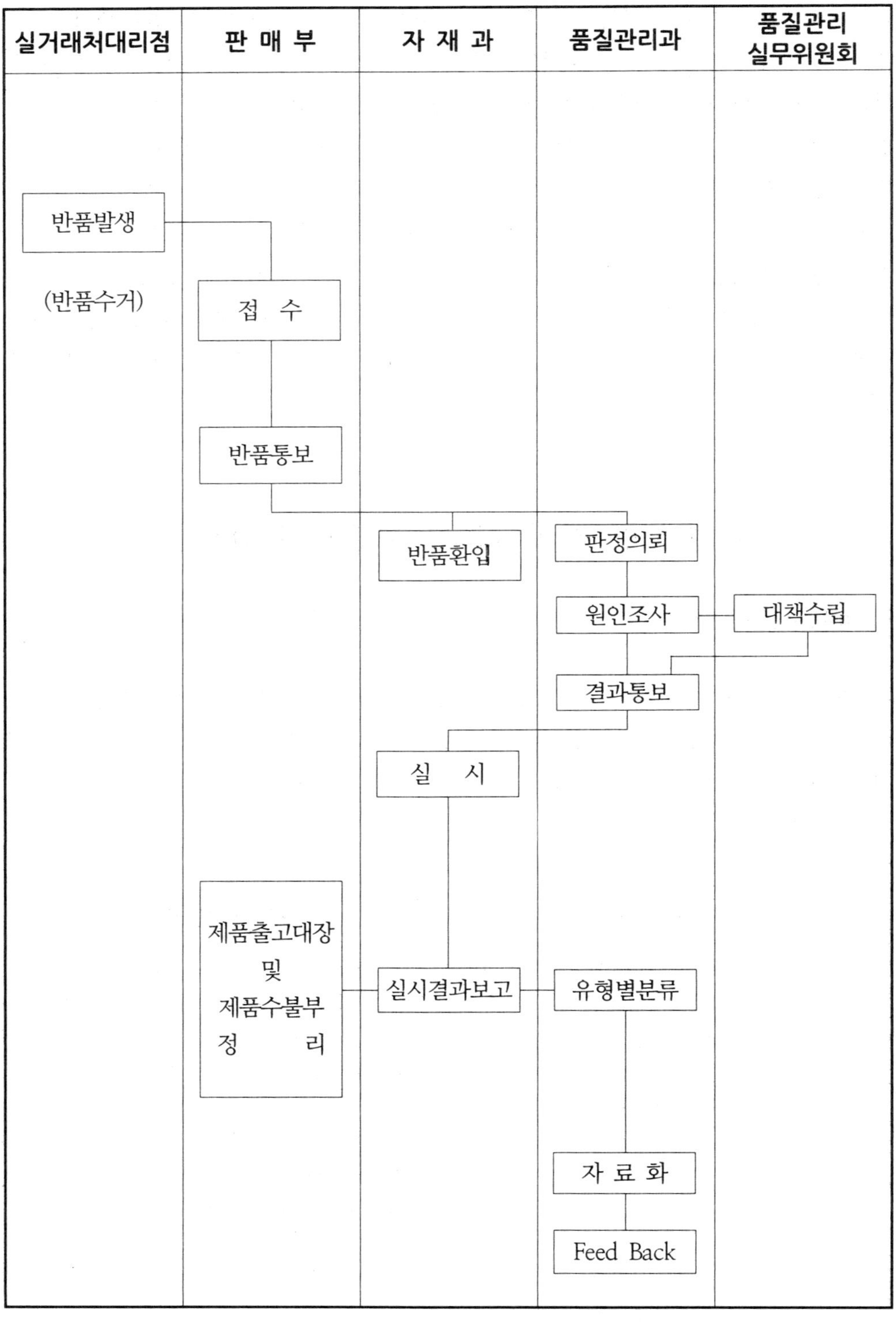

그림 1. 유통관리 체계도의 예

2. 유통관리 지침교육

유통중 제품의 품질을 유지하기 위하여 좋은 포장방법 및 보관, 진열, 운반장비를 갖추었다 하여도 유통시 이를 관리하는 사람이 제품을 적절히 보관 운반하지 못한다면 제품의 품질을 잘 유지하기는 어려울 것이다. 따라서 KS표시허가공장에 있어서는 제품의 품질특성에 따라 품질 보장이 가능하도록 보관, 진열, 운반시의 제품 취급요령을 작성하여 이를 유통 종사원에게 교육시키고 유통종사원은 교육내용을 숙지하고 잘 이행하여야 한다. 공장신사 및 검사실시에 있어서는 유통관리 지침이 적절히 규정 실시되고 있으며 교육계획이 잘 수립되었는가 또한, 유통관리를 외부업체에서 관리할 경우는 외부업체의 관리 및 실시가 적절히 실행되고 있는가를 파악한다.

유통관리 지침교육의 평가항목 및 기준을 보면 다음과 같다.

평 가 항 목	평 가 기 준
가. 유통관리지침을 작성하여 교육계획의 수립, 적절하게 실시하고 있는가	a. 유통관리 지침을 작성하여 지도교육을 철저히 실시하고 이를 숙지 활용하고 있는 경으 b. 유통관리 지침을 작성하여 지도교육을 철저히 실시하고 있으나 숙지 활용이 다소 미흡한 경우 c. "b"에 미흡한 경우
나. 유통관리를 외주업체에서 관리 하고 있는 경우 관련 책임자에게 제품의 특성, 유통관리방법 등을 교육하고 있는가	a. 교육 및 훈련계획에 의거 실시하는 경우 b. 수시로 실시하는 경우 c. "b"에 미흡한 경우

3. 유통기한 경과품 등 교환대상 제품에 대한 조치

제품의 특성에 따라 자사가 정한 유통기한이 경과된 제품이 소비자의 손에 들어가지 않도록 이를 수거하여야 하며 판매상이 이의 반품을 요구할 경우에는 사내 규정에 의거 교환하여야 한다. 사내규정에는 유통기한 경과품의 교환, 대상품목에 대한 조치 및 처리사항이 규정되어 있어야 한다.

이에 대한 평가항목 및 기준을 보면 다음과 같다.

평 가 항 목	평 가 기 준
가. 유통기한 경과된 제품의 교환 처리문제를 위한 조치 및 처리사항이 규정에 따라 잘 이루어지고 있는가	a. 유통기한 경과품의 교환 및 대상품목에 대한 조치사항을 분명히 규정하여 조치방안까지 만족하게 실시한 경우 b. 유통기한 경과품의 교환 및 대상품목에 대한 조치사항을 규정하고 있으나 일부 실시 상태가 다소 미흡한 경우 c. "b"에 미흡한 경우

반품처리에 대한 체계의 일예를 보면 그림 2와 같다.

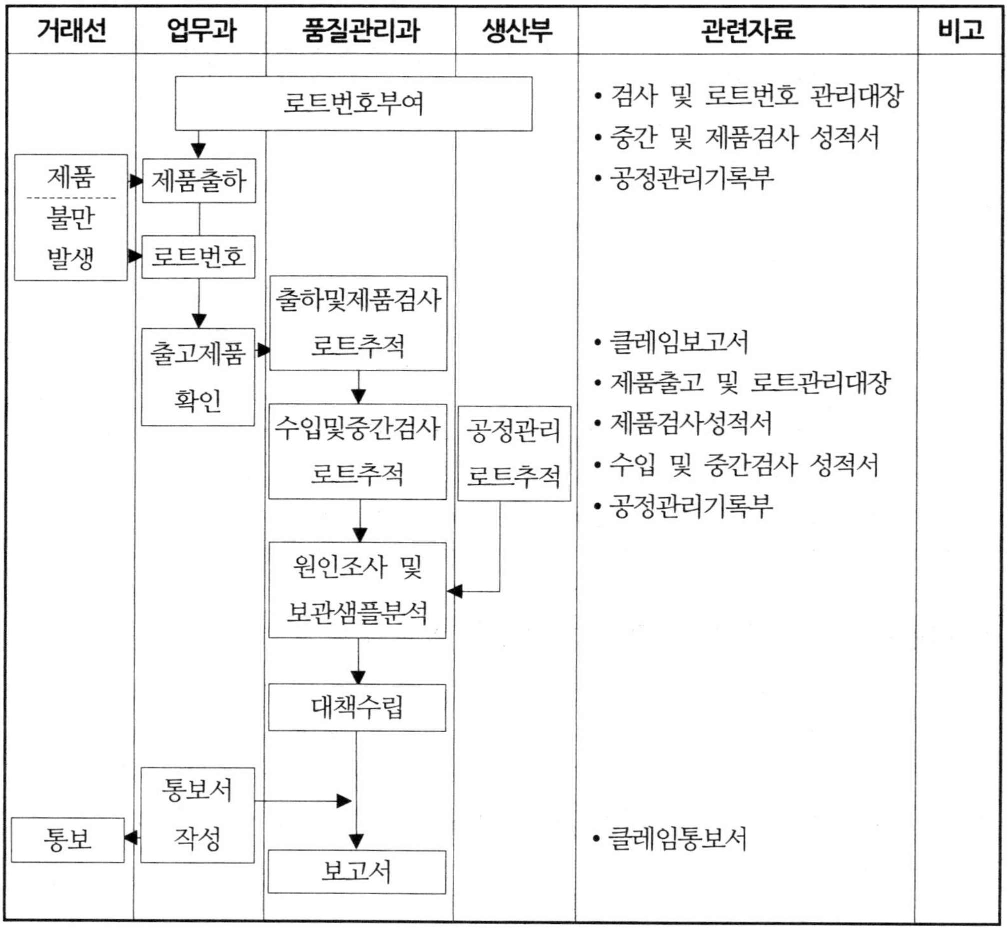

그림 2. 반품처리 체계도의 예

4. 계약체결 및 이행상태

제품의 유통과정 중에 발생할 수 있는 품질저하에 따른 유통기한 경과품, 불량품 등에 대한 반품 및 폐기 등에 관한 대리점 및 소매상등 거래처와 법적 효력이 있는 취급계약 약정이 이루어져 실시되고 있어야 한다.

평가항목 및 기준을 보면 다음과 같다.

평 가 항 목	평 가 기 준
가. 반품 및 폐기 등에 관한 거래처와의 취급 계약 내용 및 실시사항이 규정에 따라 적절하게 실시되고 있는가	a. 제품의 품질저하에 대비한 반품 및 폐기 등에 관한 사항을 분명히 규정하고 있으며 실시사항이 만족하게 이루어지고 있는 경우 b. 조치사항은 분명히 규정하고 있으나 실시사항이 다소 미흡하다고 판단되는 경우 c. “b"에 미흡한 경우

5. 행정처벌 유무 및 이행상태

KS표시허가품목에 대하여 소비자를 비롯한 이해관계자로 부터 제품의 생산유통과정에서 부정불량식품으로 고발을 받거나 기타의 사유로 감독기관으로부터 위법사항이 적발되어 행정처벌을 받은 사실이 최소한 1년간 1건 이하여야 한다.

평가항목 및 기준을 보면 다음과 같다.

평 가 항 목	평 가 기 준
가. 공장심사 이전 1년동안 KS표시허가신청품목에 대하여 소비자단체를 비롯 이해관계자로부터 고발 또는 문제가 야기된 사실이 없고 감독기관으로부터 행정처벌을 받은 사실이 있는가	a. 전혀 없는 경우 b. 상기사항이 1건 이하의 사례가 있을 경우 c. “b"에 미흡한 경우

6. 불만처리 및 로트추적

제조업자는 자사제품의 품질에 대하여 출고 전에는 검사규격에 의해서 그리고 출고 후의 품질은 불만처리규정에 의해 보증한다는 것을 소비자에게 보장하여야 한다. 실제로 품질관리를 잘하고 있는 회사에서 시장 또는 소비자 불만이나 클레임처리가 곧 품질관리라 해도 과언이 아니다. 자사 제품에 대한 불만을 효과적으로 처리하기 위해서는 불만처리규정을 정하고 불만이 제기된 상품에 대해 어떠한 조건에서 가공되고, 어떠한 원료를 사용하였는지에 대한 추적조사를 할 수 있는 관리방식이 실시되고 있어야 한다. 자사 제품에 대한 불만처리는 적극적으로 나서서 조사하고 접수된 사항은 신속히 처리하며 불만원인을 분석하여 이를 공정에 반영 조치하는 것이 중요하다.

이에 대한 평가항목 및 기준을 보면 다음과 같다.

평 가 항 목	평 가 기 준
가. 불만처리 규정에 따라 기준 미달품의 관리는 적절하게 이루어지고 있는가	a. 불만처리에 있어 접수부터 조치까지 절차와 책임을 분명히 규정하여 조치 방안까지 만족하게 실시한 경우 b. 불만처리에 있어 접수부터 조치까지 절차와 책임을 분명히 규정하고 있으나 일부 실시상태가 미흡한 경우 c. “b”에 미흡한 경우
나. 소비자 요구사항의 처리는 적절한가	a. 소비자가 요구하는 사내 품질문제의 분석과 불만해소를 위한 조치가 만족하게 이루어지고 있는 경우 b. 사내 조치사항은 잘 이루어지고 있으나 소비자의 불만해소를 위한 조치가 다소 미흡하다고 판단되는 경우 c. “b”에 미흡한 경우
나. 재발방지를 위한 조치는 잘 이루어지고 있는가	a. 제품의 설계부터 출고까지 로트추적이 가능하며 불만사항이 차지제품의 품지개선에 반영되고 있는 경우 b. 로트추적은 가능하나 불만사항의 개선내용이 일부 미흡한 경우 c. “b”에 미흡한 경우

로트추적은 체계도의 일예를 보면 그림 3과 같다.

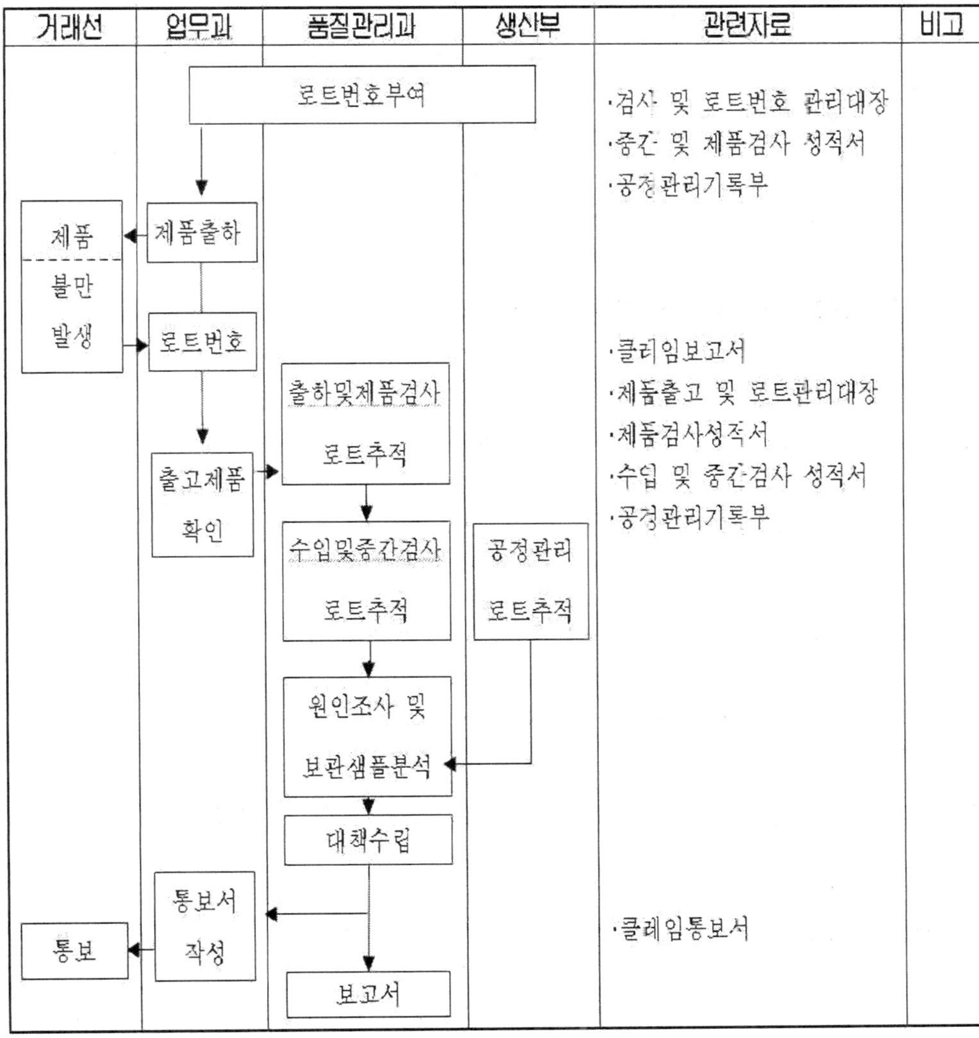

그림 3. 로트추적 체계도의 일예

7. 과장선전 유무

KS표시제품에 대한 표시 광고선전 등의 홍보과정에 있어서 해당 KS규격에 명시된 규정에 따라야 하며 소비자가 제품종류 및 품질식별에 혼란을 초래하는 사항이 없어야 한다.

평 가 항 목	평 가 기 준
가. 제품에 대한 선전 및 표시에 관하여 적절하게 관리하고 있는가	a. 규정된 표시사항의 내용대로 표시나 선전을 할 경우 b. 표시 선전내용의 규정 표시사항과 다소 상이하며 소비자가 제품 종류 및 품질 식별에 혼란을 초래할 우려가 있는 경우 c. "b"에 미흡한 경우

8. 제품의 유통조건별 유통기한 설정

식품의 경우 똑같은 원료 및 배합비로 제조하였다고 해도 원료처리조건, 생산조건, 포장방법 및 유통조건 등에 따라서 제품의 품질저하율은 다르다. 따라서 KS표시 제품의 경우는 자사제품별로 유통기한을 설정하여 표시하도록 규정하고 있다.

일반적으로 제품의 유통기한이라 하면 그 제품의 용기에 포장된 상태에서 제품에 표시된 보존방법에 따라 보존된 경우에 제품의 관능적, 영양적 및 위생적 수준이 소비자에게 안정된 상태로 공급할 수 있는 기간을 말한다.

이에 대한 평가항목 및 기준을 보면 다음과 같다.

평 가 항 목	평 가 기 준
가. 제품의 유통조건별 유통가능기간에 관한 산출방법이 합리적으로 이루어져 있는가	a. 유통기한 산출방법을 식품위생검사기관, 대학 등 공공연구기간의 입증자료로서 산출되어 있는 경우 b. 유통기한 산출방법이 자체 제품의 유통상황에 대한 조사관리 및 저장시험 과정을 통하여 업체자체에서 선정한 경우 c. 유통기한 산출방법이 일반적인 권장용 자료만 고려하여 산출한 경우

제 2 절 KS표시허가 신청 시 유통관리 작성 예

1. 유통관리 장비시설현황

구분 \ 지역별		서울	부산	대구	대전	광주	마산	계
냉장창고(평)		50	14	11	5	5	5	90
냉동창고(평)		7	3					10
냉장차량	1M/T				1	1		2
	1.4M/T	36	6	5	3	2	3	55
	2.5M/T	2	11	1				4
	4.5M/T	3						3
	냉동	3	1					4
	용차	3						3
	계	47	8	6	4	3	3	71
냉장고		3487	9311	581	341	322	164	5,840

2. 유통관리지침 및 교육실적

명　　칭	표준등록번호	지침내용
• 반품관리지침	03-03-002	1) 반품의 정의 및 판정기준 2) 반품처리절차(대리점, 직거래처)
• 판매 진열 관리 지침	03-03-004	1) 대리점 제품관리 2) 진열관리(냉장 쇼케이스) 3) 냉장 차량 관리
• 주문관리	03-03-005	1) 주문량 산출 및 의뢰 2) 주문의 확정 및 조정
• 하치장 관리	03-03-006	1) 하치장 설치 및 창고관리 2) 재고관리

■ 교육 실적

계	교육대상	당해년도 추진 실적		계　획
		계획	실적	
판매간부사원	2 명	72 시간	72 시간	112 시간
판매직 사원	81 명	240 시간	288 시간	315 시간
판촉 여사원	89 명	2,038 시간	2,452 시간	2,668 시간
대리점 사장	51 명	140 시간	171 시간	180 시간
대리점판촉사원	102 명	590 시간	714 시간	775 시간
계	325 명	3,080 시간	3,697 시간	4,050 시간

■ 유통관리지침내용

3. 반품 관리 실적

구 분		판매반출량	반품		비 고
			반품량	반품율	
KS 신청 제품	비엔나소시지	519톤	40톤	7.7%	• 반품물량은 공장에서 전량 파쇄하여 매각 및 소각처리하였음
	푸랑크푸르트 소 시 지	921톤	54톤	5.9%	
	계	1,440톤	94톤	6.5%	
비 신청 제품	축육제품	3,736톤	260톤	7.0%	
	혼합어육제품	8,781톤	199톤	2.3%	
	계	12,511톤	459톤	3.7%	
합계		13,957톤	553톤	4.0%	

4. 거래처와의 품질보증 계약 체결

구분	거 래 약 정 서 내 용	비 고
대 리 점	1) 갑은 을에게 제품의 품질 특성상 제품 취급장비 상태와 사후 관리를 감안 상품의 위생상 관리나 소비자 보호에 문제가 있다고 판단될 경우에는 일부 품목으로 공급을 제한할 수 있다 (상품공급 계약). 2) 을은 갑으로부터 매입한 제품에 대하여 품질이상이 있을시에는 반품조치 한다. 3) 을은 식품위생법규를 준수하고 유통관리를 철저히 이행하기 위하여 종업원 및 2차점(소매상)교육을 실시하여야 한다.	갑 (A사) 을 (대리점)
2 차 점	1) 을은 2차점(소매상) 재고에 대해선 선입선출을 지도 계몽하고 순회 확인하여 안전한 상품 판매를 유지해야 한다. 2) 을은 갑이 공급하는 상품의 품질보증을 위하여 문제가 있는 제품을 수거조치하고 위생적 보관 및 기간 경과품의 판매금지를 할 책임을 진다.	

5. 불만처리 개선 사례

단 계		내 용	처리부서	일 정
접수내용		'86. 10. 2일(소비자:홍길동씨) 선물받은 당사 선물SET를 풀어보니 제품이 상한 것 같다. (*해명요구)	상품개발팀	
원인분석		포장된 선물SET이라 내용물을 잘 몰라 상온에 방치하여 햄제품 포장 진공풀림 발생	판매관리과	
대책수립		포장된 선물SET외 포장지에 "냉장고에 보관하십시오"라는 사용표시 문안 삽입	판매관리과	
조치	1차	당일 접수 즉시 방문 제품 교환해주고 취급요령 설명(햄 제품은 냉장고에 보관 준수)	소비자과	
	2차	선물 SET외 포장지에 사용 시 햄제품 선물 SET포장지에는 (냉장보관)스티커 제작부착	판매관리과	

6. 유통기한 설정

A사 제품 비엔나소시지 200g의 유통기한 설정은 사내 보존시험과 유통저장 시험을 근거로 하여 설정하였다.

[1] 사내 보존시험

1) 시험시료 : 비엔나소시지 200g
2) 시험기간 :
3) 시험방법 : A) 10℃이하로 유지되는 냉장고 사용
   B) 이화학적 성분검사(대장균, pH, VBN)
   C) 외관검사(진공풀림, 탁액발생, 가스팽창)
4) 시험결과

	이화학적검사			외관검사		
	대장균	PH	V.B.N	진공풀림	탁액발생	가스팽창
개 시 일	음성	6.1	14.5mg%	없음	없음	없음
완 료 일	음성	6.2	15.1mg%	없음	없음	없음
사내규격	음성	6.0-6.4	19mg%이하	없음	없음	없음

2 유통보존시험

1) 시험시료 : 비엔나소시지 200g

2) 시험기간 :

3) 시험방법 : A) 10℃이하로 유지되는 냉장고를 소유한 2차점 선정

B) 3일 간격으로 외관상태(진공풀림, 탁액발생, 가스팽창)점검

C) 최종적으로 제품을 수거하여 이화학적분석(대장균, pH, V.B.N)

4) 시험결과

	이화학적 검사			외관검사		
	대장균	PH	V.B.N	진공풀림	탁액발생	가스팽창
개 시 일	음성	6.15	15mg%	없음	없음	없음
완 료 일	음성	6.0	17mg%	없음	없음	없음
사내규격	음성	6.0-6.4	19mg%이하	없음	없음	없음

3 결 론

상기 시험 결과로 비엔나소시지 200g의 유통기한을 30일로 정하였음.

제4장

식품 KS제도와 위생제도의 비교

식품표준화제도와 식품위생제도의 차이점을 살펴보면, 식품표준화제도는 공업표준화에 근거하여 농림부가 유통의 공정화 즉 소비경제적 측면에서 소비자보호를 목적으로 하는 것이며 KS표시허가는 업체의 자의적인 신청을 받아 소정의 품질규격기준에 의한 심사를 거쳐 우수식품의 생산이 가능한 업체라고 인정될 경우 KS표시허가 공장으로 허가하는 제도이다.

한편, 식품위생관리제도는 식품위생법에 근거하여 위생상의 위해방지를 목적으로 국민보건에 관련되는 위생기준에 따라 식품의 제조허가여부를 결정하는 강제법으로써 모든 식품이 상품으로 유통되기 위한 최소량의 기본요구사항을 관리하는 제도이다. 따라서 이들 각 제도는 유통경제와 보건위생의 두 분야를 상호 보완하고 있는 것입니다.

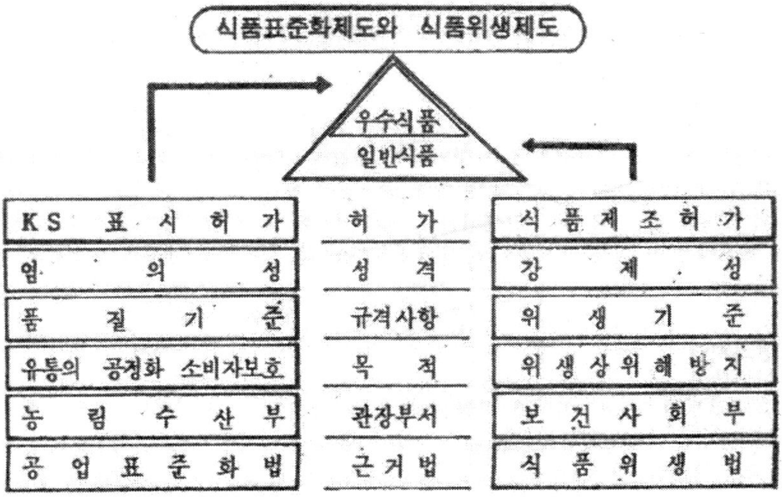

그림 1. 식품표준화제도와 식품위생제도 비교

제 1 절 식문화발전과 KS제도의 역할

우리사회의 식문화발전은 그림 2에서 볼 수 있는 것과 같이 기본적인 생존의 필요에 따라 요구되는 최소량의 기본요구 조건인 생존의 단계로부터 삶의 의미와 식생활의 가치를 인식하는 인식의 단계 그리고 기호성이나 영양성 그리고 경제적 입장을 고려하여 선택할 수 있는 선택의 단계, 경제적인 면이나 영양공급보다 기호적인 것을 즐기는 식도락의 단계, 그 다음은 식품의 생산 소비의 형태와 목표가 예술적 가치를 고려하여 이루어지는 정착단계라 할 수 있으며 이 단계는 곧 식문화가 목표로 하는 최종 정착단계라 할 수 있습니다. 우리 사회의 식문화가 발전하기 위하여서는 우선 위생적인 기초분야가 깊이 있게 안정되어야 하며 이것을 기초로 생산과 소비가 동시에 균형있게 성장하여야 할 것입니다. 위생분야는 생존의 단계에 기본적으로 필요한 순수위생분야와 식품위생 전문분야의 기초위에 기본품질에 관련된 문제를 다루어야 할 것입니다. 생존단계의 기본요구 사항은 식품위생법에 의한 강제규정으로 통제감시가 이루어져야 할 것이나 인식단계부터는 국가의 선도와 권장정책에 따라 관련업계의 선의의 경쟁에 의한 자발적인 발전을 유도하여야 할 것이므로 표준화(KS)법에 의한 정부의 품질보증 제도를 통하여 업계의 기술향상으로 품질개선과 거래질서의 공정화를 유도하여 소비자보호와 사회전체의 복지증진을 이룩하여 식문화가 정착되어야 할 것입니다.

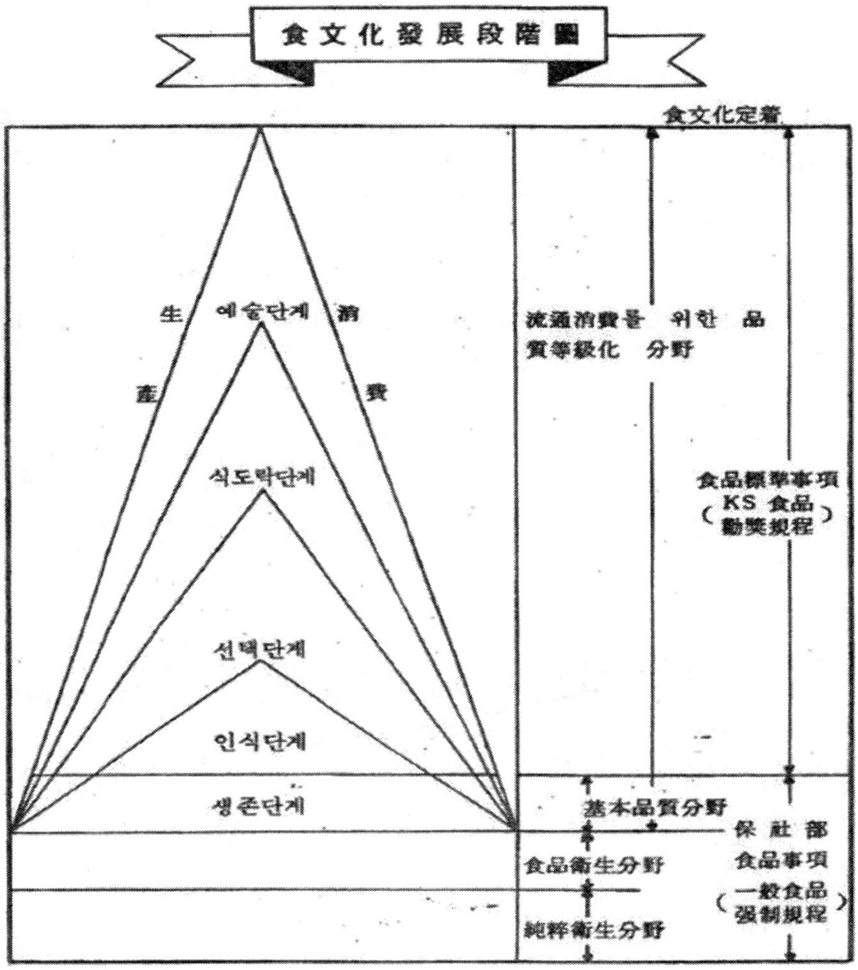

그림 2. 식문화 발전 단계도

1. KS표시 허가제도

KS표시허가제도는 규격화된 사항을 국민생활에 구체적으로 활용하게 하여 거래질서의 단순 공정화를 도모하고자 하는 것으로서 이는 정부가 해당품목을 생산하는 업체의 신청을 받아 규격 및 심사기준에 의거 심사한 후 적합하다고 인정될 때 KS마크를 제품의 포장 등에 표시하도록 하여 KS품질수준이상 임을 정부가 보증하는 제도입니다.

1) 표시지정

표시지정이란 KS표시 허가대상 품목을 정하는 것으로 KS규격이 제정되어 있는 식품중에서 농림부장관이 소비자 보호와 식품산업 발전을 위하여 필요하다고 인정하거나, 이행관계자의 요청이 있을 경우, 심의회의 심의를 거쳐 결정됩니다. 이는, 표시허가를 위한 선행조건으로 품목지정과 동시에 표시허가를 위한 심사기준도 마련되어야 합니다.

2) 심사기준

표시허가 신청공장의 심사를 위한 객관적인 평가기준을 말하는 것으로 그 내용을 보면 표준화일반, 유통관리, 자재관리, 공정관리, 제품의 품질, 제조설비사항, 검사설비사항 등 7개 평가항목과 검사방법, 마크표시방법 등을 도함하고 있습니다.

- 표준화일반
  - 경영간부의 사내 표준화와 품질관리에 대한 열의
  - 사내표준화 및 QC에 대한 교육훈련 정도
  - 사내표준화를 위한 품질관리의 조직적인 운영실태
  - 품질관리 담당자 및 기술인력 수준
  - 사내표준의 작성 및 활용실태(규정, 규격, 작업표준)
  - 외주공장 관리실태

- 유통관리
  - 유통중 제품관리 실태(포장, 보관, 진열, 운반, 표시등)
  - 유통관리 지침설정 및 교육실태
  - 교환대상 제품에 대한 처리

- 소비자 불만처리 실태
- 행정처벌 유무
- 제품의 유통조건 및 유통기한 설정

• 공정관리
적절한 품질관리 기법을 적용 공정이 안정되도록 사용설비, 작업방법, 작업조건 등을 규정하고 이에 따라 실행하고 있는지를 파악하여야 한다.

• 제품의 품질관리
사내규격에 따라 검사를 실시하고 그 기록을 공정개선 및 제품 품질향상에 활용하고 있어야 한다.

• 제조설비사항
규정된 설비를 확보하여야 함.

• 검사설비사항
규정된 설비를 확보하여야 함.

2. KS표시 허가절차

KS표시 허가절차는

업체로부터 허가신청서 접수 → 신청서검토 → 공장심사 → 제품시험 → 심사보고서 및 시험성적서 작성 → 판정회의심의 → 허가결정 의 순서로 되어있습니다.

1) 허가신청

먼저 지정품목을 생산하는 공장이 표준화법에 규정된 소정의 표시허가 신청서를 농림부에 제출하여야 하며(시행령 제27조, 시행규칙 제6조)농림부에 접수된 신청서는 주무부서에서 검토한후 필요할 경우, 보완사항을 지적하여 표시허가 신청자에게 통지하며 그 보완기간을 10일로 하고 그 기간을 초과할 경우는 허가신청을 포기한 것으로 간주하여 관계서류를 반려할 수 있습니다. 그리고, 접수된 신청서류의 보완과 서류검토가 완료되었을 때는 일정서식에 의거 공장심사계획서를 작성하고 신청자에게 공장심사 일자를 통보합니다.

2) 공장심사

공장심사는 일정한 자격이 있는 농림부소속 공무원과 한국식품개발연구원 등의 전문가중 심사요원으로 위촉된 자가 수행하며, 심사방법은 최근 2개월간의 실적을 토대로 품목별로 표사허가 심사기준이 정하는 바에 따라 각종 사내규정과 규격 및 제품생산공정 등에 대하여 심사하게 됩니다. 그러나, 법 제15조의 4의 규정에 의한 KS표시명령품목과 전량 관납위주 품목 및 농림부장관이 인정하는 특별한 경우에는 2개월 미만의 관리기록 실적으로도 심사가 가능합니다.

3) 제품시험

KS표시허가의 최종결정은 공장심사 결과와 실제 생산제품의 품질시험 결과를 토대로 검토하게 됩니다. 제품의 품질실험을 위한 시료는 공장심사시에 이를 직접 채취하여야 하며 제품의 시험성적이 허가여부에 결정적인 영향을 미침으로 운송과정에서의 변질, 파손 등을 방지하기 위하여 특별한 취급이 요구됩니다. 한편, 제품시험은 KS규격에 따라 시험분석을 행할 수 있는 전문가와 필요한 설비를 갖춘 외부 공인시험기관에서 실시하지만, 시료의 성질상 운반이 곤란하거나 관련 연구검사 기관의 시설미비 등 외부 시험의뢰가 불가능할 경우에는 당해 공장에서의 현장시험도 가능합니다.

4) 판정회의

공장검사 보고서가 작성되고 제품시험 결과가 정리되면 정리되면 이를 토대로 표시허가 여부를 객관적이고 합리적으로 심의하기 위하여 판정회의 또는 운영회의라는 별도기구를 설치하여 운영하고 있습니다. 판정회의는 주무국장과 농림부장관이 지명하는 관계관, 부회 및 전문위원 중에서 9~11인으로 구성되며 허가여부를 결정하는 행정부처의 최종심의 의결기구입니다.

그리고, 업무의 효과적인 수행을 위하여 기존 KS제품 생산공장에 대한 품목추가 신청의 경우, 담당과장이 의장이 되는 운영회의에서 허가하여 결정할 수 있습니다. 또한, 제품에 대한 시험 분석결과가 KS기준에 미달된 경우에는 판정회의 또는 운영회의 절차를 생략하고 불허가결정을 할 수 있습니다.

제 2 절 KS업체의 품질관리 실례

1. 업체소개

- 저희 (주)오복식품은 부산 감천에 위치해 있는 종업원 260명 규모의 중소기업이다.
- 1952년에 설립하여 지난 35년간 장류만을 생산해 오고 있으며 양조간장, 혼합간장 10여품목과 고추장, 된장, 짜장 등을 생산 판매하고 있다.
  상표는 "오복"을 사용하고 있다.
- 지난 3월 31일 양조간장 특급과 고급에서 KS표시를 취득하였고, 6월 24일 양조간장 표준에서 KS표시를 추가 획득하여 한국에서는 최초로 양조간장 전부문에서 KS표시를 받았다.

2. KS취득동기

- 저희 회사는 평소부터 품질관리에 역점을 두고, 좋은 품질의 제품을 소비자에게 공급하고자 노력해 왔습니다. 그런데 마침 정부당국에서 KS제도를 장류제품에까지 실시하기로 결정하였기 때문에 저희들은 이것을 저희 제품의 품질수준을 더 높이 향상시킬 수 있는 좋은 기회라고 생각하였다. 품질관리 수준을 향상시키고 더 높은 품질의 제품을 공급함으로서 소비자들이 더욱 신뢰하는 가운데 저희 제품을 선택할 수 있도록 해드리고 그로 인해서 저희 회사의 지속적인 발전을 도모하고자 하는 동기에서 KS를 취득하게 되었다.

3. KS준비과정

1) 중점추진사항

- 사내 표준화 작업
  각 부서의 필요에 따라 나름대로의 규정을 만들어 사용하고 있으나 체계가 미흡했고 측면에서 상호보완 할 수 있는 유기적 체계의 표준을 재정립할 필요를 느꼈다. 기본 및 일반규정, 생산관리 규정, 제품규격, 재료규격, 검사규격, 작업표준 등 176개 규정을 개정 또는 제정하였으며 현업과 규정이 일치되도록 개정작업을 계속하였다.

• 추진조직의 정비

간부회의를 품질관리 추진위원회로 개칭하여 교육, 사내표준, QCC, 제안제도 등을 추진하여 나갔다. TQC추진반을 편성하였고 연구분석실의 기능 가운데 품질관리 부분을 독립시켜 QC과를 조직하였다.

• 교육활동의 강화

기존의 교육활동을 품질관리 교육시스템으로 전환하였고 사내교육, 사외교육, 계층별교육을 강화하였다. 부서장 강사화를 적극 추진하였다.

"오복의 품질관리"라는 책자를 발간하여 QC교육용으로 활용하고 있다.

• 관리능력 향상에 중점

품질관리 싸이클(P.D.C.A)을 현업에 적용시켜 관리능력을 향상시키기 위해 중점적으로 노력하였다. KS제도는 얼마나 좋은 품질을 만드는가에 앞서 얼마나 균일하게 제품이 나올 수 있는가에 있다고 판단하여 QC체질화를 도모하였다.

2) 품질관리 추진체계

• 품질관리 추진목적
• 추진절차
• 품질관리 추진의 기본사항
• 품질관리 추진조직
• 당해년도 추진방침
• 교육 및 보급체계
• 품질관리 분임조 활동
• 품질보장 활동
• 불만처리체계
• 소비자상담실 운영

3) 품질관리 활동의 실례

- 양조간장 공정소개

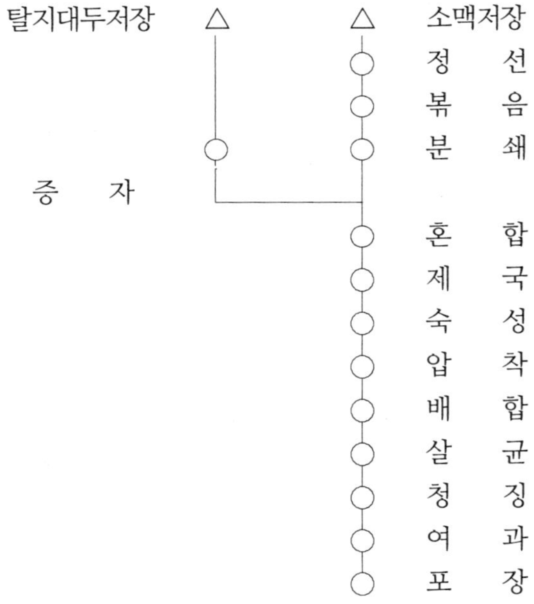

- 양조간장 제조공정에 알맞는 품질관리 수법의 적용 통계적 품질관리 수법을 양조간장의 제조공정에 적용시키는 방법과 현장에서 부터 검사원, 관리자에 이르기까지 통계적 방법에 의한 과학적 관리를 정착시키는 것이 중요한 과제였다. 나름대로 통계적 수법을 적용시켜나가기 시작했다.

일례를 들면

소맥볶음 공정에서는 매작업시 마다 $\overline{x}-R$관리도를 활용하고 있으며 정기적으로 히스토그램 공정능력 지수를 파악하여 공정안정에 주력하고 있다. 제국공정은 자동온습도 기록을 유지하며 수분관리 철저를 꾀하기 위하여 $x-R_s$관리도를 활용하고 있다. 그리고, 숙성공정은 각 성분의 변화상태를 그래프로 활용하여 6개월간의 상태를 한눈으로 파악 사전불량방지가 가능토록 하였고, 원재료와 숙성결과의 상관분석을 통하여 최적조건을 파악하고 TN관리도의 결과를 다른 로트에 피드백하고 있다. 생산성 향상을 위하여 압착 여과공정에서는 박의 수분을 $x-R_s$관리도를 관리하고 있다. 그리고, 제품관리에 있어서도 통계적수법인 $x-R_s$ 관리도와 히스토그램, C_p로 관리 및 개선을 철저히 하며 제품에 문제점이 발생할 시 즉각 대처하기 위하여 각 제품이력을 일괄정리 활용하고 있다.

• 품질개선의 실례

양조간장의 품질은 총질소(TN)함량이 좌우한다.

일본 농림규격(JAS)과 KS규격의 비교를 보면 다음과 같다.

구 분	KS			JAS		
	특 급	고 급	표 준	특 급	상 급	표 준
TN(%)	1.5이상	1.3이상	1.0이상	1.50이상	1.35이상	1.20이상

최고의 품질은 저희 회사가 추구하는 하나의 목표이다. 이미 TN이 1.5%이상을 생산하고 있었지만 한 가지 염려되는 바는 품질이 좋게 나올 때는 TN이 1.55가 되었다가 어떤 때는 1.48도 나오고 하여 균일하게 나오지를 않았던 것이다. 물론 발효과정에서 미생물이 작용하고 있기는 하지만 적어도 KS제품이 되기 위해서는 미생물이 작용하고 있기는 하지만 적어도 KS제품이 되기 위해서는 균일한 제품이 생산되어야 한다. 그래서, 품질에 영향을 미치는 공정으로서 제국, 숙성, 살균과정을 정밀 체크하여 작업표준을 정하고, 통계적 QC수법을 적용하기 시작하였다.

특히, 숙성기간이 6개월 이상 소요되는 장기간 미생물의 발육여하에 따라 양조간장의 특유 향미가 좌우되기 때문에 월 2회씩 미생물의 발육상태를 체크하여 숙성공정의 안정화를 기할 수 있었다. 이러한 노력의 결과 TN이 1.7~1.8까지 생산할 수 있어서 KS를 준비하는 과정에서 놀라운 개선을 가져올 수 있었다.

4) 소비자의 불만처리

• 유통관리 교육

유통관리 지침서를 발간하여 신입사원을 포함한 유통관계 전사원을 대상으로하여 교육을 실시한다. 특히, 소비자의 불만을 접수하여 처리하는 과정, 원인조사, 대책수립, 불만처리 통보에 이르기까지 전과정을 숙지시키고 관련종사원들이 유통중의 제품에 대하여 관심을 갖도록 한다.

• 소비자상담실

소비자의 창구를 일원화하여 어떠한 불만사항도 누락 및 지연되는 사례가 발생하지 않도록 소비자 상담실을 설치 운영하여 모든 불만 및 반품관리의 업무를 전담토록하고 있다.

• 소비자 반응조사

설문지에 의한 소비자들의 반응조사를 분기별로 시행하여 품질 및 유통에 대한 요구사항을 파악하고 있다.

• 불만처리

적절한 유통기한을 설정하고 경과품에 대하여는 수시로 수거하고 매분기 말 일제히 수거토록 마련하고 있다. 불만이 발생하면 본사 "써비스카"가 현장에 출동하게 되고, 전 유통경로를 통해서 불만이 접수하게 된다. 접수된 불만은 회사의 관계부서에서 원인을 규명하고 대책을 세운 다음 불만 신고자에게 결과를 통보하게 된다.

5) 양조간장 시장의 전망

간장은 크게 나누어 세 종류로 구분할 수 있다.

콩 또는 탈지대두를 균에 의해서 분해시키는 양조간장과 산을 사용하여 강제 분해시키는 산분해 간장(화학간장)과 이 둘을 혼합한 혼합간장이 그것이다. 한편으로는 신식양조법에 의한 신식양조간장도 있지만 국내에는 이들 세종류가 대부분이다. 지금까지는 산분해간장 내지는 혼합간장이 주류를 이뤘으나 KS제도의 실시로 인해서 양조간장에 의한 호응도가 점차 높아지리라 사료된다.

저희 회사도 소비자들이 호응도가 높아 전품목에서 작년 대비 20%의 증가를 가져왔으며 KS 획득제품에 대해서는 소비자들의 요구에 충분히 응하지 못하여 죄송스럽게 생각하며 양조시설 확장을 서두르고 있다. 양조간장은 분해과정에서 매우 향긋하고 구수한 냄새가 나서 우리의 미각과 후각을 자극하게 되고 맛 위주의 간장에서 좋은 맛과 향이 우수한 양조간장쪽으로 소비자의 기호가 자연스럽게 바뀌게 될 것이다. 그러므로 소비자들은 산분해간장보다는 혼합간장을 선호하게 되고 더 나아가 혼합간장보다는 양조간장으로 옮아가는 추세라고 볼 수 있다. 또한, 경제적인 여건이 향상됨으로서 소비자의 질적인 요구가 계속되리라 본다. 그리고, 인구의 도시집중화, 핵가족화에 따라 집에서 담그던 간장과 된장 등이 점차로 줄어들고 공장에서 생산되는 제품을 사용하는 쪽으로 늘어나고 있습니다. 앞으로 장류업계는 이러한 소비성향을 감안해 규모있는 양조시설을 갖추지 않으면 경쟁에서 뒤지게 된다는 사실은 자명한 것이다. 이렇게 봤을 때 양조간장 업계의 전망은 비교적 밝다고 할 수 있다.

제5장

가공식품의 저장기간

제 1 절 Shelf-life의 목적과 정의

식품저장의 목적은 자연에서 수확한 식량이나 가공식품의 관능적 품질과 영양가를 보존하고 유해미생물의 생육을 억제하여 안전성을 유지하는데 있다. 저장기술이란 이들 관능적 품질과 영양가의 손실 속도를 줄이고 유해미생물의 증식 가능성을 배제하는 방법이라고 규정할 수 있다. 유해미생물은 식품속에 있어서는 아니되며 있을 수 있는 가능성마저도 배제되어야 한다. 그러나, 어떠한 저장방법을 써도 관능적 품질의 손상과 영양가의 손실을 완전히 정지시킬 수는 없다. 즉, 모든 저장식품은 시간의 경과에 따라 언젠가는 먹을 수 없을 정도로 변하게 되어있으며 먹을 수 있는 수준으로 유지되는 기간이 곧 저장수명이라고 정의 할 수 있다. 식품의 저장수명을 예측하기 위하여는 이들 관능적 품질과 영양가의 손실속도와 먹을 수 있는 품질수준의 하한선을 알아야 한다. 저장수명이란 의미는 사용자나 생산자에 따라서 다르게 이해될 수 있다. 흔히, 저장수명이란 먹을 수 있는 품질수준으로 유지되는 기간이라고 이해되나 이것은 소비자가 섭취하는 순간에 평가되는 기준이다. 대부분의 식품은 유통과정을 거쳐 소비자의 손에 들어간 후에도 상당기간 보관된 후에 소비되는 경우가 많다. 따라서, 생산자나 유통업자의 입장에서 먹을 수 있는 품질하한선까지 보관하면서 판매할 수 없는 것이다. 일차적으로 저장기간의 종점은 관능검사에 의하여 결정되며 그 종점의 기준설정에 따라 저장수명의 정의가 달라진다.

1. 차이식별 저장수명 (JND : Just Noticeable Difference)

저장하지 않는 신선한 대도구와 비교하여 처음으로 관능적 품질의 차이를 느끼게 되는 점까지의 저장기간

2. 상용저장수명 (PSL : Practical Storage Life)

일반적으로 소비자가 먹을 수 있는 수준이라고 판단되는 범위까지의 저장기간

3. 고품질저장수명 (HQL : High Quality Life)

삼점비교시험에서 검사원이 대조구와 저장품사이에 70%정도 이상의 차이를 식별할 수 있는 점을 종점으로 하는 저장기간을 말하는데, 신선과채류의 경우 PSL은 HQL보다 3.1~3.5배 연장되는 것으로 보고되고 있다 식품의 종류 및 유통단계에 따라 위의 저장기간 중 어느 한 가지를 기준으로 사용할 수 있다. 이와 같이 관능검사에 의해 저

장기간이 설정되면 이 관능검사를 대신할 수 있는 객관적 측정이 가능한 품질지표를 선정하게 된다. 객관적인 품질지표는 식품저장 과정에서 일어나는 화학적, 물성학적 및 미생물학적 변화 중에서 종합적인 관능적 품질저하와 가장 잘 일치하는 요소를 선택하게 된다. 이들 객관적인 품질요소는 관능적 품질저하를 일으키는 직접적인 요소이거나 혹은 관능적인 품질저하와 높은 상관관계를 갖는 직접적인 요소를 모두 포함한다.

제 2 절 저장중에 일어나는 주요 품질변화

1. 자기노후 (Senescence)

대부분의 식물성 식품은 수확 후에도 호흡을 통한 생명활동을 계속하게 되며 이러한 생체대사과정은 식품성분의 효소 및 생화학적 분해를 수반하여 숙성, 과숙, 부패의 경로를 거치게 된다.

식물체의 수확 후 저장에서 일어나는 주요 노후현상은 클로로필이나 다른 색소성분의 분해에 의한 색깔의 변화(특히, 황변), 전분의 분해와 수용성 pectin의 형성에 의한 조직의 변화, 종실의 발아능력상실 등을 들 수 있다.

2. 미생물에 의한 품질저하

대부분의 식품저장기술은 부패미생물의 증식을 억제하는 것을 그 일차적 목표로 삼고 있다. 통조림, 냉동, 방사선 살균등은 미생물의 완전살균에 의한 저장방법이므로 미생물의 증식과 이에 따른 품질변화가 문제되지 않는다. 그러나, 이외의 모든 정균저장법(bacterio-static methods)은 온도, pH, 수분활성도등을 조절하여 미생물의 생육을 억제하거나 증식속도를 낮추는 방법이므로 언젠가는 미생물의 작용에 의한 품질손상을 일으킬 수 있다. 대부분의 신선식품의 저장에서 미생물의 증식은 직접적인 품질저하요소가 되며 신선육류, 생선류 및 유제품이 이에 속한다.

그림 1은 4.4℃에 저장한 냉장계육의 최초 미생물 오염 수준에 따라 미생물의 증식속도가 크게 달라지며 따라서 이취와 표면점질 물질이 형성되어 품질하한선에 도달하는 품질수명이 크게 차이남을 보여주고 있다. 미생물의 증식에 의한 품질변화는 특히, 김치와 같은 발효저장 식품에서 중요하다. 김치의 경우 저장기간을 결정하는 요소는 유산균의 증식에 의한 산생성 속도라고 볼 수 있다. 김치발효의 경우 미생물의 증식에

의하여 최적 숙성과 이어서 과숙, 부패로 넘어가므로 저장수명에 대한 속도론적 연구가 어렵고 아직 이에 대한 연구가 발표되고 있지 않다.

3. 화학적 반응에 의한 품질저하

저장식품에서 일어날 수있는 주요 화학반응은 효소적 분해, 지방산화, 비효소적 갈색화반응, 기타 비타민의 산화 및 분해반응 등을 들 수 있다.

1) 효소적 분해

대부분의 생체식품과 충분한 데침공정을 거치지 않은 건조식품, 냉동식품 등은 저장 중 효소의 분해작용에 의하여 관능적 품질저하와 영양가 손실을 가져온다. 특히, 효소적 갈변반응과 비타민-C의 손실이 중요하다. 이들 효소적 분해 반응속도는 pH, 수분, O2, 온도 등의 외적 요소에 크게 영향을 받는다. 그림 2는 건조과실의 저장 중 갈색화 반응속도를 흡광도로 측정 조사한 것이다. 온도가 높아짐에 따라 반응속도가 지수적으로 증가함을 볼 수 있다.

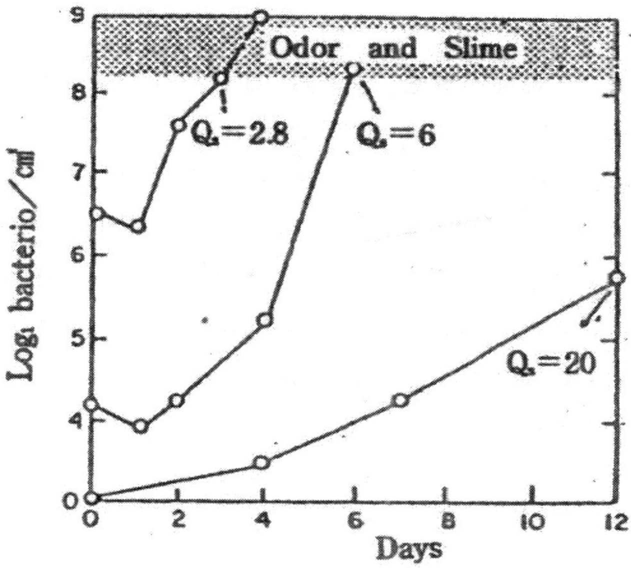

그림 1. 냉장계육에서 최초 세균수에 따른 미생물의 증식속도와 품질하한선에 도달하는 시간

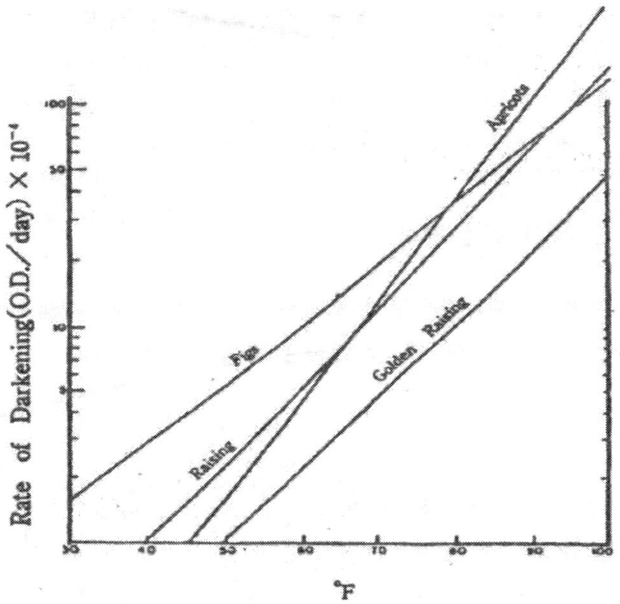

그림 2. 여러 가지 건조과실의 저장 중 갈색화 반응속도와 온도와의 관계

2) 지방의 산화

식품성분중 지방 특히 불포화지방은 산소와 결합하여 자동촉매형 유리반응기를 생성하며 이들은 다시 식품 성분을 산화시켜 산패취와 악취를 형성한다. 이때 생성된 유리기와 과산화기는 chlorophlly 등 식품 색소를 표백 변색시키며 비타민 C, E, A 등을 파괴하여 단백질을 분해한다. 튀김류 등을 고열로 가열할 때에도 지방의 산화가 크게 일어나 흑갈색으로 변하게 되며 경우에 따라서는 발암성 물질등 인체에 유해한 물질등을 생성한다. 지방산화에 의한 산패정도를 객관적으로 나타낼 수 있는 지표로는 과산화물가(POV), TBA값, AOM값 또는 핵사날농도 등이 이용되고 있다.

3) 비효소적 갈색화반응

비효소적 갈색화 반응이 일어나는 기작은 크게 3가지로 구분되는 데 환원당과 아미노산의 결합에 의한 Maillard형 갈색화반응, 고온가열에 의한 카라멜화 및 비타민의 산화에 의한 갈변이다. 이중에서 저장중에 주로 일어나는 반응은 Maillard형 갈색화반응이다. 비효소적 갈색화반응에 의한 품질저하 현상은 쓴 악취의 형성, 암갈색 변화, 단백질의 수용성 저하, 단백질식품의 경변, 단백질의 영양가 감소 특히, Lysine의 손실 등을 들 수 있다.

비효소적 갈색화반응의 실제 저장한계가 되는 식품은 분유, 유청분말, 건조계란, 건조어육제품, 냉동육제품, 곡물가공품, 케익믹스, 중간수분식품, 냉동쥬스 등이다.

비효소적 갈색화 반응속도는 온도, pH, 수분활성도등에 의하여 크게 영향을 받으며 온도 10℃ 증가 시 400~800%증가 (Q10 = 4~8)한다.

제 3 절 가속저장법에 의한 저장기간 설정을 위한 시험

1. 개요

식품 shelf-life 예측에 있어 가장 중요한 문제는 매우 효과적이며 신속한 가속방법을 어떻게 이용하느냐 하는 것이다. 이러한 식품 품질저하의 기초반응 속도가 제품의 차이나 같은 제품이라도 제조공정의 차이에 따라 다르고 특히, 환경인자에 따라 크게 달라지므로 이러한 변화 인자가 변함에 따라 여러 가지 가속저장법을 이용하여 shelf-life를 예측하여야 한다. 이러한 시험을 정확히 수행하기 위해서는 품질손실 예측에 대한 과학적, 논리적인 실험자료를 수집하여 이를 기초로 필요한 가속시험을 선택하여야 한다. 가속시험을 수행하는데 도움이 되는 자료로는 과학논문, 서적, 경쟁제품의 상업적인 자료, 업계내의 품질관련 정보수집, 원재료 및 제조공정자료, 유통환경 정보파악, 자사 상품의 공통적 특성, 클레임현황 등이다. 이들 자료들은 보통 일정기간 동안 측정된 품질요인의 손실량으로 표시된다. 따라서, 이들 자료는 물리, 화학적 반응률로 바꿔 이용해야 한다. 보통 식품의 품질수명, 품질유지가능 기간 또는 상미기간을 shlef-life라고 하는데, 이러한 시점은 제품초기 생산시기에 비해 일정량 만큼의 감지할 수 있을 정도의 양이 손실된 때이다. 감지방법은 잘 훈련된 관능요원의 기호도평가방법이나 품질지표 물질의 측정에 의해서 이루어진다. 이와 같이 변파반응율을 설정하기 위해서는 품질반응속도를 작도하여 이용해야 오차를 줄일 수 있다.

2. 가속방법

1) 온도상승방법

보통 산업계나 정부기관에서 온도를 가속시키는 방법으로 37℃및 51℃를 사용하고 있다. 여기에서는 활성화에너지(EA)나 Q10값을 구하여 저장기간을 예측할 수 도 있고 다른 방법으로는 활성화에너지를 일정하다고 가정하고 반응차식을 알고 있는 상태에서 온도를 일정하게 변화시키는 가속시험 방법이 있다.

2) 산소압력 상승방법

산소압을 21%이상 올리면 산화반응이 가속화되지 않는다. 1~10%범위에서 산소반응식을 구하고 이를 21%이하 농도에 적용해야 비교적 정확한 수치를 얻을 수 있다.

3) 수분증가방법

Mizrahi 등은 수분함량 증가에 따른 비효소적 갈변반응 에너지를 알고 수분함량에 대한 반응에너지를 알면 가속저장에 의해 안정성을 예측할 수 있었다.그래서 고온, 고수분 상태의 시험값으로 부터 단지 10일만에 보통 상온저장 200일이 걸리는 시험과 같은 결과를 예측할 수 있다.

그러나, 수분함량 영향이 너무 클 때는 "known model"이 잘 적용되지 않을 수 도 있으므로 "unknown model"을 사용하면 적합도를 높일 수 있다. Mizrahi와 Karel은 포장식품의 저장 안전성을 예측할 수 있는 "unknown model"방법을 개발하였다. 이 방법은 수분함량 증가에 따른 변화는 저장안정성을 예측하는데 사용할 수 있다.

4) 혼합방법

이 방법은 한 번에 한 가지 이상의 변수를 다룰 수 있으며, 대부분의 경우 온도와 수분이 동시에 변화하는 동적인 조건을 이용한다. 동적인 nonisothermal시험이 이용될 때는 반응기구를 미리 알거나 변질 반응이 단지 온도에만 관련되어야 한다. 저장 중 중요한 문제의 하나인 갈변은 수분과 온도를 동시에 증가시키며 추적할 수 있었다.

3. 가속저장의 문제점 및 오차

가속저장에 있어 다음과 같은 실제적인 문제와 이론적인 오차가 생길 수 도 있다. 따라서, 이들 문제만 잘 제거되면 가속시험은 매우 유용하고 신속한 실험방법이 될 수 있다.

1) 분석이나 기호도 평가에서 오차가 발생할 수 있다. 보통 분석치 범위는 10%를 초과하지 않아야 예측 에러를 최소화할 수 있다.
2) 온도가 상승함에 따라 반응을 가속화시키는 상변화를 일으켜 저온에서의 shlef-life를 예측할 수 있다.
3) 고온에서 탄수화물의 상변화, 단잭질의 변성 및 수분활성도 증가 등의 영향에 의해 shlef-life가 달라질 수 있다.

4. 시험수행방법

1) 제품의 확인

다음과 같은 두 가지 이유 때문에 Label표시, 제품의 개발과정, 포장 및 기타 제품에 관련된 사항을 알고 있어야 한다. 첫째, 이러한 정보는 시험되는 제품의 성격을 확실하게 표시할 수 있기 때문이다. 신제품 개발과정동안 최종제품은 최초 예상했던 대로 잘 나타나지 않는다. 요약보고서만 가지고 저장안정성에 대해 알려고 하면 시험되는 품목이 어떤 제품인지 잘 분간하기 어려운 때가 있다. 그래서, 성분가공조건, 제품특성과 포장재 등의 가능한 정보를 최대로 이용 제품을 자세히 잘 알아야만 최소경비로 가장 신속하게 shlef-life를 잘 알 수 있는 시험계획을 수립할 수 있다. 대부분의 식품제조기술자는 제품에 관한 정보를 잘 알려주지 않으려는 경향이 있으므로 가속저장을 하고자 하는 사람은 많은 질문을 하여야 할 필요가 있다. 즉, 제품을 만들기 위해 사용된 원부재료가 변질되지 않았는가? 가공온도(예,roasting temperature, 미생물이나 효소불활성화 온도 등)가 제품의 안정성에 치명적으로 영향을 주지 않을 것인가? 포장은 어떻게 하였고 제품이 포장될 때 제품의 온도는 어떠하였는가? 등등을 알아야 한다. 저장시험 전에 반드시 제품에 표1에서 보는바와 같이 저장조건, 제품명, 포장재 종류, 시험기간 등을 표시해두어 항상 혼돈이 생기지 않도록 해야 한다.

표1. 가속저장시 라벨에 표시해야할 정보의 형태

Test No (시험번호)	Cycling (온도변화)
Product name (제품명)	Air / Vacuum / Gas (함기 / 진공 / 치환)
Product specification No. (제품표시번호)	Packaging type specification (포장형태)
Testing conditions (시험조건)	Date in (입고일)
Temperature (온도)	Date due out (출고 예정일)
% Relative humidity (상대습도 %)	Storage time (저장기간)

2) 시험계획

제품이 생산되어 가속저장에 사용될 시료가 어떻게 조달 될 수 있을 것인가를 확인하여 시험에 차질이 없게 하기 위하여 생산관련자와 긴밀히 정보를 교환할 필요가 있다. 시료를 채취하는 날짜를 정할 때도 금요일로 하여 실제 시험이 시작되는 시기를 몇일이 지난 다음에 한다든지 하는 것은 바람직하지 않다. 기호도 평가나 많은 분석이 필요할 때는 관련되는 사람에게 사전에 연락하여 차질이 없도록 할 필요가 있다.

3) 저장조건

세계적으로 널리 이용되고 있는 저장온도는 다음 표 2와 같이 냉동식품, 가열살균식품, 건조식품으로 분류되고 있다. 이러한 온도가 가속저장에 의해 발생될 수 있는 문제를 최소한으로 줄일 수 있는 온도범위이다. 그러나, 변패의 원인이 지질산패에 의한 것이 확실한 경우 온도를 60℃까지 올려 가속저장하기도 하나, 보통 40℃이상은 온도 가속이 품질에 미치는 영향이 매우 특이하므로 가급적 40℃이내의 온도에서 가속시키는 것이 바람직하다. 또 Hicks, Labuza 등에 의하면 온도 Cycle에 의한 가속방법은 매우 신속한 것으로 보고한 바 있으나. 이에 대한 연구자료가 아직 적은 편이므로 실제 가속저장법으로서는 많이 사용되고 있지 않다. 건조식품의 경우 습도조건이 매우 중요하다.

표 2. 가속저장시 추천되고 있는 저장온도(℃)

냉 동 식 품	건조 및 중간수분식품	가열살균식품
−40 (대조구)	0 (대조구)	5 (대조구)
−15	23 (실　온)	23 (실　온)
−10	30	30
− 5	35	35
	40	40
	45 (가능시)	

4) 저장기간

제품에 대한 shlef-life시험기간을 설정하기 위해서는 다음과 같은 계획서가 필요하다. 시험온도를 선택하기 위해서는 제품변패 mode에 대한 몇 가지 Q10값을 가정하고 시료 채취회수를 결정해야 한다. 예를 들면, 23℃에서 shlef-life가 약 2년으로 예상되고 산패 등이 저장성에 영향을 주는 요인으로 볼 수 있는 식품을 예를 들면 표 3과 같다. 모든 온도에서 동시에 시료를 채취할 필요는 없고 고온에서는 자주해야하고 저온에서는 시험기간을 길게 해도 된다. 시료채취기간은 10℃온도를 낮출 때마다 Q10치를 곱한 회수만큼 증가시켜야하나 이는 반드시 따라야 하는 법칙은 없다.

5) 시료수

가급적 충분한 시료를 확보하여 각 저장고에 여분의 시료를 넣고 실험자료가 크게 다를 때는 다시 시험할 필요가 있다.

6) 분석

분석은 변패에 관련된 다음과 같은 사항을 측정할 필요가 있다. 이것들은 기호도 검사, 품질지표 손실의 화학적 분석, 무균밀봉이 아닌 경우 수분함량, 미생물성장 등이다. 이중에서 어떤 시료채취 회수를 최소한으로 줄이기 위해 표 3에서 보는바와 같이 최소한 6회는 실시해야한다.

표 3. Q_{10}이 2이고 23℃에서 24개월의 shelf-life를 요하는 통조림 식품의 시료채취방법

(단위 : 월)

23℃	30℃	40℃
2	1	0.5*
4*	2*	1.0*
6	3	1.5
8*	4*	2.0*
10	5	2.5*
12*	6*	3.0
14	7	3.5*
16*	8*	4.0
18	9	4.5*
20*	10*	5.0
22	11	5.5
24*	12*	6.0*

항목을 분석할 것인가는 합리적이고 논리적인 방법으로 결정해야 한다. 그러나, 무엇이 shlef-life end point에 직접적으로 관련이 있을 것인가? 하는 문제를 결정하기는 쉽지 않다. 중요한 문제는 올바른 분석항목을 측정하는 것이나 불행히도 많은 경우에 처음부터 올바른 분석항목을 설정하기는 상당히 어려우므로 항상 기호도 검사를 수행하여 shlef-life설정 자료로 해야 한다. 이 자료를 분석치와 같이 도시하여 기대한 것과 어떻게 차이가 나는가를 확인해야 한다.

제 4 절 가속저장에 의한 shlef-life 예측

1. 가속저장과 관련된 품질손실 예측식

식품품질의 변질을 계산하거나 예측하기 위해서는 Kinetic 혹은 수학적 모델(회귀방정식)에 의해서 분석적인 방법으로 문제의 답에 접근해야 한다. 이 모델은 질량과 에너지평행, 열역학이동, 화학특성과 여러 상수식들을 보통 포함한다. 흔히, 이 모델은 비선형 혹은 미적분식에 의해서 풀 수 있다. 이러한 식들은 특수조건(온도, 농도)에 대한 단순한 반응식으로서 대부분의 식품에서 다음과 같이 반응차식에 따라 나타낼 수 있다.

1) 품질손실 측정을 위한 기초반응 속도론

대부분 식품의 품질손실은 다음과 같은 수식으로 표시 할 수 있다.

$$\frac{dA}{dt} = KA^n \quad \cdots\cdots\cdots \quad (1)$$

여기서, A = 측정한 품질특성

t = 시간

K = 온도, 수분활성도의 저장환경에 영향을 받은 반응속도상수

n = 반응차수를 나타내는 지수

$\frac{dA}{dt}$ = 시간에 따른 A의 변화를 나타내며, 품질특성 A가 손실되면 $-\frac{dA}{dt}$로 표시함.

2) 0차 반응식 (Zero Order Reaction)

앞의 수식(1)에서 $n = 0$일 때, 이런 화학반응을 Zero order reaction이라 부른다.

$$\text{즉,}\quad -\frac{dA}{dt} = K \quad \cdots\cdots\cdots \quad (2)$$

따라서, 품질손실속도는 반응물질(품질특성)의 농도에 상관없이 일정하다.

수식(2)를 적분하면

$$-\int_{Ao}^{Ae} dA = \int_{t}^{ts} kdt \quad \cdots\cdots\cdots \quad (3)$$

$$Ae = Ao - kts \ (\text{또는 } A = Ao - kt) \quad \cdots\cdots (4)$$

Ao = 최초품질특성치
Ae = 품질수명을 다했을 때의 A값
A = 시간t가 지난 다음에 남은 A값
ts = 품질수명(일, 월, 년등)
t = 저장기간

만약, A가 객관적으로 측정될 수 없는 관능검사의 결과라면,
Ao = 100%품질
Ae = 받아들일 수 없는 품질

따라서, 품질손실속도는

$$K = \frac{100\%}{ts} \quad \cdots\cdots (5)$$

식품의 품질수명을 측정하는데 수식(4)와 (5)를 사용하려면 $n = 0$이라는 것을 확인해야 한다. 과거에 보고된 연구결과에 의하면 다음과 같은 품질손실을 Zero order reaction 으로 취급할 수 있음이 밝혀졌다.

① 신선한 과실 및 채소, 냉동 doughs의 효소적 품질손실
② 건조유제품이나 건조 breakfast cereals의 비효소적 갈변반응
③ 냉동식품, 건조식품, Snacks류의 지방산화

만약, 어떤 식품의 품질손실이 Zero order reaction이라는 것이 확인되면 주어진 온도에서 그 식품의 품질수명은 쉽게 계산할 수 있다.

예를 들면, 100일간에 품질의 50%가 손실됐다고 하면,

$$K = \frac{Ao - A}{t} = \frac{100 - 50}{100} = 0.5\% / \text{일}$$

0.5% × 저장일수 = 남아있는 품질

그러나, 여기에서 품질수명을 결정하는데 고려해야할 중요한 요인은 식품의 품질손

실은 저장기간에 의해서만 결정되는 것이 아니고 저장온도 등의 저장환경 요인을 고려해야 하며, 어느 정도의 품질이 남아 있을 때까지의 품질수명기간으로 볼 것인가 하는 문제이다.

3) 1차 반응 (First Order Reaction)

식품의 품질손실을 일으키는 대부분의 화학반응은 Zero order reaction이 아니며, 실제로 n값이 $0 < n < 2$의 범위에 있음을 흔히 볼 수 있다. 식품의 품질손실을 일으키는 많은 반응은 $n=1$인 1차반응을 나타내며, 이는 품질이 손실되면서 손실율이 지수적으로 감소함을 의미한다.

$$n=1 \text{ 일때 } -\frac{dA}{dt} = KA' \qquad (6)$$

따라서, 품질특성이 손실율은 남아있는 품질특성의 양에 정비례하며 이는 품질손실이 진행됨에 따라 품질손실율이 감소함을 의미한다. 수식(6)을 적분하면

$$\int_{Ao}^{A} dA = -\int_{o}^{t} kdt \qquad (7)$$

$$\text{In}\frac{A}{Ao} = -kt \text{ 또는 } \text{In}\frac{Ae}{Ao} = -kts \qquad (8)$$

그림 4에서 보듯이 1차반응에서는 저장초기에 품질손실이 상당히 빠르나 반응이 진행될수록 반응속도가 감소하며, 이론적으로 잔존 품질특성이 0에 도달하는 일은 없다. 이와 같은 1차반응에 따라 식품의 품질이 손실되는 예를 보면 다음과 같다.

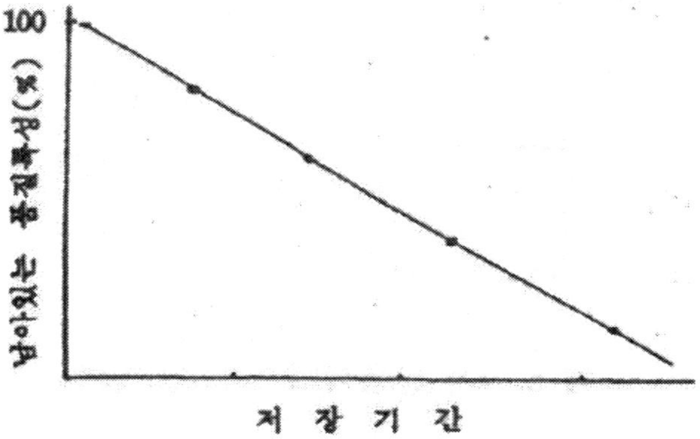

그림 3. Zero order reaction

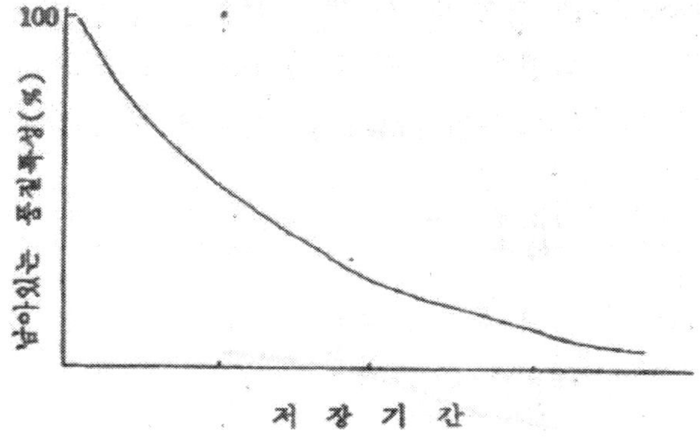

그림 4. First Order Reaction

① 유지식품의 산패
② 신선한 고기나 생선의 미생물 발육
③ 가열살균에 의한 미생물 파손
④ 육류의 미생물에 의한 이미, 이취발생
⑤ 통조림식품이나 건조식품의 비타민 손실
⑥ 건조식품의 단백질 손실

수식(8)의 1차반응식을 그림으로 표시하면 그림 5와 같다.

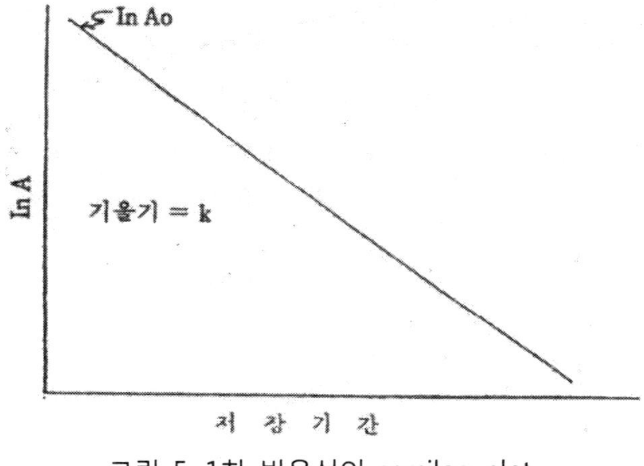

그림 5. 1차 반응식의 semilog plot

4) 온도가 반응속도에 미치는 영향

앞에서 설명한 품질손실에 관한 수식표현은 모두 온도가 일정하다는 가정에서 이루어진 것이다. 그러나, 화학반응은 온도의 영향을 크게 받으며, 생물학적 반응에서는 온도가 반응속도에 비치는 영향을 Q10값으로 흔히 표시한다.

$$Q_{10} = \frac{\text{온도T + 10에서의반응속도}}{\text{온도T에서의반응속도}} \quad \cdots\cdots (9)$$

그런데, 온도가 화학반응의 반응속도에 미치는 영향을 수식으로 표시하는데 Arrhenius 방정식을 흔히 사용한다.

$$k = Ae^{-Ea/RT} \quad \cdots\cdots (10)$$

여기서, A = Arrhenius cdnstant

Ea = 활성화에너지(cal/mode)

R = 기체상수(1.987cal/mode, 。k)

T = 절대온도(。k)

k = 반응속도상수

수식(10)을 변형시키면

$$\text{Ink} = \text{InA} - \frac{Ea}{R}\left(\frac{1}{T}\right) \quad \cdots\cdots (11)$$

수식(11)을 그림으로 표시하면 그림 6과 같다.

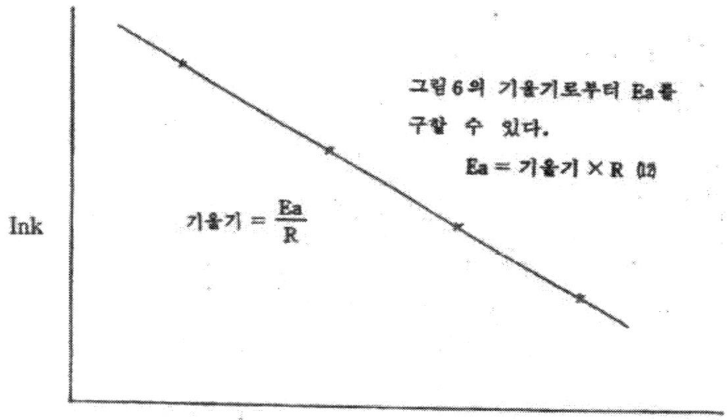

그림 6. Arrhenius plot

5) 항온조건에서 shelf-life의 예측

그림 7과 표 4에 의하면 식품을 고온에서 저장하면 shelf-life가 얼마나 단축되는가를 나타내고 있으며 이는 식품의 품질손실을 연구하는데 매우 유용하게 사용된다. 표 4는 50℃에서의 shelf-life는 모두 같으나 Q10이 각기 다른 식품의 저온에서의 shelf-life를 나타내었다. 예를 들어 Q10이 2인 식품의 20℃에서의 shelf-life는 16주이다. 따라서, 이 식품에 대한 연구를 하려면 20℃에서는 적어도 4개월 이상의 저장실험을 하여야하나 50℃에서 2주일 정도면 된다. 이것이 항온에서 가속실험을 하는 이유이다.

비교적 높은 두 온도에서 가속실험을 하여 shelf-life를 예측함으로써 Q10값을 구하면 임의의 다른 낮은 온도에서의 shelf-life를 예측할 수 있다. 즉, 임의의 온도 T1에서의 shelf-life $\theta s(T1)$와 Q10을 알고 있을 때 다른 임의의 온도 T2에서의 shelf-life $\theta s(T2)$는 다음 식으로 구한다.

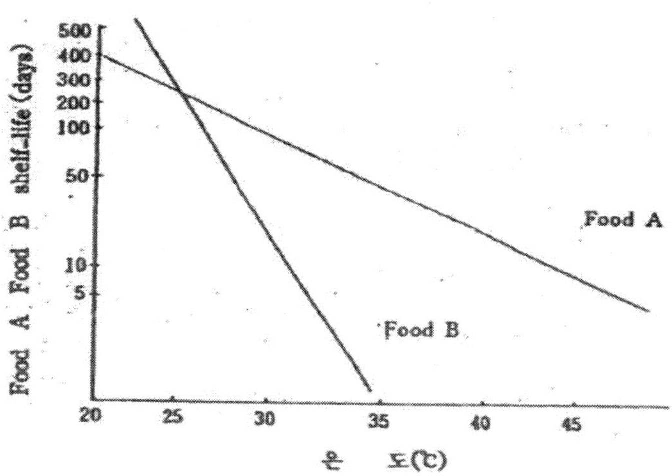

그림 7. shelf-life plot

표 4. shelf-life at lgiven temp. for given Q10

	Q10				
	2	2.5	3	4	5
50℃	2 wk	2 wk	2 wk	2 wk	2 wk
40℃	4 wk	5 wk	6 wk	8 wk	10 wk
30℃	8 wk	12.5 wk	18 wk	32 wk	50 wk
20℃	16 wk	31.3 wk	54 wk	2.5 yr	4.8 yr

$$\Theta_s(T_2)=\Theta_s(T_1)\times\frac{1}{Q_{10}^{(T_2-T_1)/10}} \quad \cdots\cdots\cdots (13)$$

예를 들어,

50℃에서 shelf-life가 2주이고 Q10이 4인 식품의 30℃에서의 shelf-life를 계산하면,

$$\Theta_s(30℃)=2\times\frac{1}{4^{(30-50)/10}}=2\times\frac{1}{4^{-2}}=32주$$

또한, 30℃에서의 shelf-life가 8주이고, Q10이 2인 식품의 50℃에서의 shelf-life는

$$\Theta_s(50℃)=8\times\frac{1}{2^{(50-30)/10}}=8\times\frac{1}{2^2}=2주이다$$

이와 같은 계산과 표4를 살펴보면 Q10이 저온에서의 shelf-life에 얼마나 큰 영향을 미치는가 알 수 있으며, Q10이 클수록 저온저장했을 때 shelf-life가 길어진다.

제 5 절 식품위생관리제도와 shelf-life

식품위생관리 제도상의 포장식품에 대한 shelf-life에 관한 규정은 식품위생법 시행규칙 제5조 표시기준의 표5. 유통기간표시 의무규정에 근거하고 있다.

그리고, 보사부 고시 제86-5(86년 1월 30일)에 의거 식품보존의 방법에 관한 권장기준을 설정하고 있다.

1. 유통기간 표시규칙내용

다음 구분에 따라 식품의 유통기간을 정하여 제품에 표시하여야 한다. 이 경우, 유통기간이 법령에 의하여 정하여진 제품은 법령에 의한 유통기간의 범위안에서 정하여 표시하여야 한다.

1) 년. 월. 일(제품의 특성 또는 제조공정상의 이유 등으로 년. 월. 일로 표시하기 어려운 제품의 경우에는 "제조일로부터 ○○일)"을 표시하여야할 식품 (통조림제품을 제외한다)
   - 과자류(빵류, 유처리식품에 한한다)
   - 어육연제품

- 유산균음료
- 유 및 유가공품
- 식육제품

2) 년. 월을 표시하여야 할 식품(장기간 보존식품)

- 다류
- 청량음료(탄산음료를 제외한다)
- 과채류음료
- 혼합음료
- 영양식품
- 면류
- 인스탄트식품
- 마아가린
- 쇼트닝유
- 식용유지
- 통조림, 병조림

2. 식품보존의 방법에 관한 권장기준(보사부 고시 제 86-5)

1) 목적

이 기준은 식품 보존방법에 관한 보존온도와 보존기간을 정하여 적극 이행하도록 권장함으로서 식품의 질적 향상을 기함을 목적으로 한다.

표 5. 식품별 보존온도 및 보존기간

식 품	보존 온도	보존 기간
살 균 유	0℃~5℃	4일
발 효 유		
- 호 상	0℃~5℃	10일
- 액 상	0℃~5℃	7일
멸 균 유 (무균충전)	실 온	6주
버 터		
- 판 매 용	0℃~5℃	3월
- 보 관 용	-20℃이하	12월
치 이 즈	0℃~5℃	6월
무 당 연 유 (관)	실 온	6월
가 당 연 유 (관)	실 온	12월
분 유 (질소충전)	실 온	12월
전 지 분 유 (pvc 0.05MM 3장 + 지대)		
- 판 매 용	실 온	6월
- 보 관 용	암 소	12월
전 지 분 유 (알미늄호일)	실 온	6월
탈 지 분 유 (알미늄호일)	실 온	12월
크 림 분 말 (알미늄호일)	실 온	4월
수 육 통 조 림 (에나멜코팅관)	실 온	36월
- 햄소세지류 (열처리한 것으로 진공포장한 것)	10℃	30일
- 생소시지류	0℃~5℃	25일
- 베이컨(진공포장한 것)	10℃	25일
- 커 트 미 트	0℃~5℃	18일
난 가 공 품		
- 액 상	0℃~5℃	5일
- 기 타	10℃	12일
건 조 육	실 온	3월
분 쇄 육	-12℃~-18℃	30일
냉 동 육		
- 우 육	-20℃이하	12월
- 돈 육	-20℃이하	6월
- 양 육	-20℃이하	9월

식 품	보존 온도	보존 기간
육 지 물		
- 돼지고기 곱창 전골류	-12℃이하	14일
- 돼지고기 편육류	0℃~-2℃	10일
- 닭고기 햄버그류	-12℃~-18℃	30일
- 양념불고기류	0℃~-5℃	4일
포 장 육		
- 우 육	0℃~-2℃	14일
〃	-12℃이하	4월
〃	-18℃이하	6월
- 돈 육	0℃~-2℃	10일
〃	-12℃이하	2월
〃	-18℃이하	4월
- 닭 고 기	0℃~-2℃	10일
〃	-12℃이하	45일
〃	-18℃이하	3일

3. Codex 규격과 shelf-life

FAO/WHO 합동규격인 Codex규격위원회는 포장식품의 기일표시에 관한 지침(Guide lines for date marking of prepackaged food)을 정하여 각국에서 따르도록 권고하고 있다.

1) 기일표시의 목적

기일표시의 목적은 제품이 적절하게 보관되었을 때 그 제품의 기대되는 품질에 대한 사항을 소비자에게 날짜로서 제시하는 것이다. 이것은 기일표시가 그 제품의 가식성이나 안전성을 보장한다는 것을 뜻하는 것은 아니다.

2) 범위

① 소비자가 정확하게 해석할 수 있는 혼돈되지 않는 분명한 날짜표시만이 인정되며, 그것은 아래 지침에서 전하는 표준정의에 입각하여 정하는 기일이어야 한다.

② 이 기준에서는 로트 확인이나 다른 관리 목적으로 사용하는 기호에 의한 기일표시는 "기일표시"로 간주하지 않는다. 그러나 로트확인을 위하여 하는 경우처럼 관리목적으로서 분명한 기일을 사용하는 것은 제외되지 않으나 아래에서 특히,

규정하는 "기일표시"와 같은 분명한 표시가 아닌 이상, 그리고 그 같은 "기일표시"가 문제의 제품에 사용상 적정하다고 코덱스분과위원회가 인정하는 것이 아닌 이상 인정되지 않는다.

3) 기일표시 종류의 정의

① 제조일자 - 식품이 표시에 기록된 제품으로 바뀌는 날

② 포장일자 - 식품이 팔리는 상태의 용기에 포장된 날

어떤 제품들은 두 가지 날짜가 같을 수도 있다.

③ 판매최종일자 - 판매최종일자(sell-by date)는 소비자에게 판매가능한 최종일을 말하고 이 날짜 이후에도 가정에서의 평상적인 저장기간을 가질 수 있어야 한다.

④ 최소유효기간{"-전이면 최적(best before)"}

정해진 저장조건하에서 제품이 이상 없이 거래될 수 있는 상태로 유지되고 명문으로 주장된 특정품질이 유지될 수 있는 기간의 최종일을 제시하는 날짜를 말하며 그러나 그일 자 이후에도 제품은 전체적으로 만족할만한 상태이어야 한다.

⑤ 최대사용일{권장최종소비일}

(유효만기일) - 특정 저장조건하에서 보통 소비자에게 기대하는 품질을 유지할 수 있다고 예측되는 최종기일로서 이날 이후에는 동제품은 거래될 수 없는 것으로 간주된다.

4) 저장조건에 대한 안내

① 유효기일이 식품의 특별한 저장조건에 따라 달라지는 경우에는 기일표시 이외의 그 같은 특별조건을 표시해야 한다.

② 가능한 경우, 저장조건에 관한 안내는 기일표시 가까이에 한다.

5) 코덱트위원회에 대한 지시

① 식품의 성격에 대한 연구에 기초를 두고 코덱스분과위원회는 기일표시의 종류에 대하여 결정해야 한다. 우선 최소유효기일에 대하여 고려한다. 분과위원회의 의견으로 문제의 상품에 대하여 어느 기일이 적합하지 않다고 생각되면 위 제 3항의 나열한 다른 방도중에서 선택한다. 최종적으로 기일은 필요 없다는 결정을 할 수 있다.

② 코덱스분과위원회가 최소유효기일 아닌 다른 형태의 기일을 결정한다든지, 기일표시가 필요 없다고 결정할 경우, "식품표시에 관한 코덱스분과위원회"에 건의된

조치에 관한 이유를 표시해서 그 근거를 제출해야 한다.

③ 제품이 일상적인 실온조건에서 안전성이 보장되지 않는 경우에는 규격으로 저장 혹은 저장 방법에 관한 지시를 표시의 요건으로 결정해야 한다.
이 경우에는 제품의 취급방법에 따라 변할 수 있는 기일표시의 타당성을 보장하기 위해서 제품유통시의 적절한 취급법에 대한 추가지시가 마련되어야 한다(예를 들면, 외부용기 위).

6) 코덱스규격에 기일표시의 제시

① 코덱스분과위원회가 코덱스규격에 최소유효기일에 관한 규정을 포함시킨다는 결정을 했을 때 다음처럼 나타내야 한다. "최소유효기일"("-이전이면 최적"이라는 용어 앞에)을 비기호화한 숫자로 날, 월, 년으로 표시해야 한다. 단, 3개월이 넘는 저장기간을 갖는 제품에 있어서는 월과 년만으로 충분하다. 소비자가 혼돈을 할 염려가 없는 나라에서는 월을 문자로 표시할 수 있다. 월과 년도만을 표시토록 요구되는 제품의 경우에 저장기간이 특정 년도말까지 유효한 때는 "년도표시말"이라고 표시할 수 있다.

② 코덱스분과위원회가 최소유효기일 외의 기일표시 규정을 포함시키기로 결정한 때에도 일, 월, 년도를 비기호화된 숫자로서 표시해야 한다. 단, 3개월이 넘는 저장기간을 갖는 제품에 대해서는 월과 년도만으로 충분하다. 소비자를 혼돈시킬 염려가 없는 나라에서는 월을 문자로 표시해도 된다. 월과 년도만의 표시를 요하는 제품의 경우, 제품의 저장기간이 특정년도말까지 가는 때는 "년도말"이라는 표현을 쓸 수 있다.

4. JAS제도와 shelf-life(일본)

일본의 JAS제도에서 포장식품의 shelf-life관리규정을 JAS법에 근거한 농림성 고시로된 규격내용의 표시사항에 필요한 품목에 대하여 상미기간 표시를 하도록 규정하고 있다. JAS규격에서 상미기간의 표시를 규정한 내용을 보면 표6과 같다. 그리고 1986년부터 이른바 건강식품, 자연식품, coffee등에 대하여서는 특별히 품질표시 guide-line을 작성 농림수산성 식품유통국장통달(식유 제1321호. '87. 3. 31)을 발표 상미기간에 대한 표시의무를 부과 시행하고 있다. 금회 대상품목에 대한 guide-line에 상미기간의 표시를 규정하고 있는 내용을 보면 다음과 같다.

표6. JAS규격의 품목별 상미기간 표시 유무

규격명	규격수	상미기간		비고
		유	무	
1. 식료 통조림 및 식료병조림	105		○	
2. 식육제품 및 어육 연제품	27			
1) 베 이 컨(3)		○		
2) 햄 류(5)		○		
3) 프래스햄(1)				
4) 혼합프레스 햄(1)			○	
5) 케이싱 콘비프(1)		○	○	
6) 혼합 소시지(1)		○		
7) 햄버거 패터(1)				
8) 칠드 햄버그 스테이크(1)			○	
9) 어육 햄 및 어육 소시지(3)				
10) 특수 포장 어묵류(4)				
3. 유 및 유제품	10		○	
4. 곡물 가공품	10			
1) 건조면류(2)		○		
2) 칼국수류(1)		○		
3) 즉석면류(4)		○		
4) 마카로니류(1)			○	
5) 통 두 부(1)				
6) 인 조 미(1)			○	
5. 농산물 및 임산물	25			
1) 농산물 절임류(10)			○	
2) 토마토 가공품(8)			○	
3) 쨈 류(1)			○	
4) 건조감자칩(1)			○	
5) 체리 설탕 절임(3)		○		
6) 건조표고버섯(2)		○		

규 격 명	규격수	상미기간		비 고
		유	무	
6. 수산물	60			
1) 성게가공물 및 성게 무침(3)		○		
2) 건조미역 및 염장미역(2)		○		
3) 다랑어절(5)		○		
4) 건조수산물 및 염장수산물 등(50)			○	
7. 당류 및 과자	10		○	
8. 음료	8			
1) 과실음료 및 탄산음료(5)			○	
2) 두유, 조제두유 및 두류음료(3)		○		
9. 조미료	17			
1) 드 레 싱(3)		○		
2) 식초, 풍미조미료, 건조수우프, 간장 등(14)			○	
10. 유지 및 유지 가공품	48		○	
11. 기타	21			
1) 레토르트 파우치 식품(7)			○	
2) 조리냉동 식품(6)			○	
3) 식물성 단백 및 조미식물성단백			○	
4) 식물성단백식품(콘버프 스타일)			○	
5) 식물성 단백식품(소보르)(1)		○		
계	343	41	302	11.7%

1) 신제품의 품질표시 Guide-line(예시)

1 어란 성형가공품의 품질표시Guide-line(개요)

① 적용범위

어란에 착색, 조미, 성형 등의 가공을 하여 말린 청어알 형태 또는 소금에 절여 건조한 형태로 한 것에 적용된다.

② 일괄표시사항

a. 품　　명
b. 원재료명
c. 내 용 량
d. 제조년월일
e. 상미기간(제조년월일의 대신으로 표시할 수 있다)
f. 보존방법
g. 원 산 국(수입국의 경우)
h. 제조업자의 명칭, 소재지.

2 율무식품의 품질표시 Guide-line(개요)

① 적용범위

주로 율무를 원료로하여 사용한 것에 있어서 추출 및 침출하여 음용에 제공되는 것과 식용으로 제공되는 것에 적용된다.

② 일괄표시사항

a. 품　　명
b. 원재료명
c. 내 용 량
d. 제조년월일
e. 상미기간(상미기간이 6개월이내의 것만 표시)
f. 보존방법
g. (사용상의 주의)
h. (사용방법)
I. (원료율무의 산지)
j. 원산국(수입국의 경우)
k. 제조업자등의 명칭, 소재지

주) (　)내의 사항은 생략할 수 있다.

3 Vitamin C 함유과자의 품질표시 Guide-line

① 적용범위

비타민 또는 비타민과 미네랄을 첨가한 과자에 있어 그 과자에 함유된 비타민 및 미네랄 중 비타민-C를 주요성분으로 한 것에 적용한다.

② 일괄표시사항

a. 품　　명

b. 원재료명

c. 비타민 C함유량

d. (Vitamin C이외의 성분함유량)

e. (에너지)

f. 내용량

g. 제조년월일

h. 상미기간

(상미기간이 12개월 이상의 것에는 제조년월일 대신으로 상미기간을 표시할 수 있다)

i. 보존방법

j. 원 산 국(수입품의 경우)

k. 제조업자의 명칭, 소재지

주) (　)내의 사항은 생략할 수 있다.

5. 홍콩의 포장식품 표시규정과 shelf-life

'86년 8월 9일부 관보(주보 No.1545)에 의해 공포되어진 포장식품 표시규칙은 '87년 8월 9일에 시행되며 시행 후는 최저상미기간 표시사항 등 7가지의 항목에 대한 포장식품 표시를 하도록 규정하고 있다.

(1) 상품명칭은 그 식품의 특징을 오해시키지 않을 것

(2) 성분 List를 명시

(3) 최저상미기간을 표시.

(4) 제조업자(혹은 maker)의 명칭, 주소를 표시

(5) 특별 저장법 또는 사용법이 필요한 경우에는 그것을 명시한다.

(6) 내용량은 수량, 중량, 용량등으로 표시

(7) 영어, 중국어, 또는 중영2개국어로 표시

최저상미기간에 대해서는 일부 전에 used before, sell by, sell before, cdnsume by, consume before등의 말을 표시하여야 하고 상미기간이 3개월 이내인 경우는 년월로 표시하고 18개월이 초과되는 경우에는 일부표시의 필요가 없도록 정하고 있다.

6. 싱가폴의 식품 Label 표시규정과 shelf-life(식품법)

싱가폴 환경청은 식품법의 일부를 개정, 공용, 유효기간의 표시를 의무화한 식품수를 현행 4품목에서 16품목으로 확대하고 '86년 9월 29일부터 개정법을 시행하였다. 식품에 있어서의 유효기간 표시는 '79년에 낙농제품 4품목(크림제품, 유산균밀크음료, 살균밀크, 요쿠르트)를 시작으로 하여 의무화된 이래 그 후 유산균밀크, 살균밀크음료 등이 추가되었다.

이번에 새로운 대상품목으로 된 것은 쵸코렛, 소맥분 등 12개 품목이다. 현행 규칙에는 유효기간은 "use by", "expire date"라는 문귀를 표시하도록 정해져 있지만 개정규칙에는 표시가 선명히 읽을 수 있어야 하며 포장의 어느 장소에 그와 같게 표시를 하여도 상관없다. 또한, maker가 유효기간을 표시하는 것은 자유이며 최종적인 표시의무는 소매업자에게 맡겨지고 있다.

유효기간 표시가 필요한 식품은 다음과 같다.

(1) 크림, 환원크림, 저칼로리크림, 호프, 사와크림(캔용 살균크림은 제외)

(2) 유산균 milk 및 동음료

(3) 살균 milk 및 동음료

(4) 요구르트, 저지방요구르트, 지방환원요구르트, 무지요구르트, 요구르트제품

(5) 살균과실쥬스 및 동음료

(6) 살균야채쥬스 및 동음료

(7) 비타민함유 과실쥬스 및 동음료

(8) 비타민함유 야채쥬스 및 동음료

(9) 액체 milk 및 동제품(연유, 가당연유, 농축 milk 및 캔살균 milk를 제외)

(10) 소맥분

(11) 사라다드레싱
(12) 마요네즈
(13) 쵸코렛, 밀크쵸코렛, 쵸코렛과자(성분이 쵸코렛 또는 코코아의 것)
(14) cereal류(통조림은 제외)

표 7. 포장식품에서 shelf-life 의 용어표기대비

	국문표기	영문표기	내용
1	• 판매최종일	• sell by date	• 소비자에 판매가능한 최종일을 말하며 이 날짜 이후에도 가정에서의 평상적 보관기간을 가질 수 있어야 한다.
2	• 최소유효기간 - 상미기간(JAS) - 유통기간(KS)	• Best before • Best if used by date (Date of minimum durability)	• 정해진 저장조건에서 제품이 이상없이 거래할 수 있는 상태로 유지되고 규격으로 제시된 특정 품질이 유지될 수 있는 최종일을 말하며 이후에도 제품은 전체적으로 만족할 만한 상태이어야 한다.
3	• 최대사용일 • 권장최종소비일 • 유효만기일	• use by date • expiration date (recommended last consumption date)	• 소비자가 기대하는 품질을 유지할 수 있다고 예측되는 최종기일로서 이날 이 후에도 동제품은 거래될 수 없는 것

부 록

부표 1. 정규분포표 (u-P)

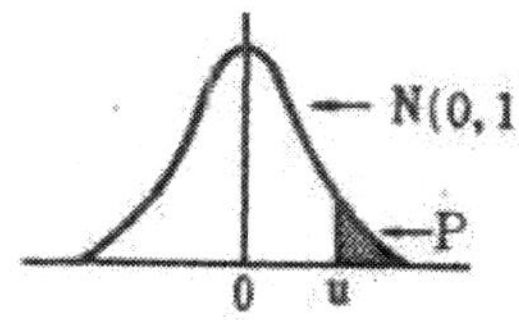

u	0	1	2	3	4	5	6	7	8	9
0.0	.5000	.4960	.4920	.4880	.4840	.4801	.4761	.4721	.4681	.4641
0.1	.4602	.4562	.4522	.4483	.4443	.4404	.4364	.4325	.4286	.4247
0.2	.4207	.4168	.4129	.4090	.4052	.4013	.3974	.3936	.3897	.3859
0.3	.3821	.3783	.3745	.3706	.3669	.3632	.3594	.3557	.3520	.3483
0.4	.3446	.3409	.3372	.3336	.3300	.3264	.3228	.3192	.3156	.3121
0.5	.3085	.3050	.3015	.2981	.2946	.2912	.2877	.2843	.2810	.2776
0.6	.2743	.2709	.2676	.2643	.2611	.2578	.2546	.2514	.2483	.2451
0.7	.2420	.2389	.2358	.2327	.2296	.2266	.2236	.2206	.2177	.2148
0.8	.2119	.2090	.2061	.2033	.2005	.1977	.1949	.1922	.1894	.1867
0.9	.1841	.1814	.1788	.1762	.1736	.1711	.1685	.1660	.1635	.1611
1.0	.1587	.1562	.1539	.1515	.1492	.1469	.1446	.1423	.1401	.1379
1.1	.1357	.1335	.1314	.1292	.1271	.1251	.1230	.1210	.1190	.1170
1.2	.1151	.1131	.1112	.1093	.1075	.1056	.1038	.1020	.1003	.0985
1.3	.0968	.0951	.0934	.0918	.0901	.0885	.0869	.0853	.0838	.0823
1.4	.0808	.0793	.0778	.0764	.0749	.0735	.0721	.0708	.0694	.0681
1.5	.0668	.0655	.0643	.0630	.0618	.0606	.0594	.0582	.0571	.0559
1.6	.0548	.0537	.0526	.0516	.0505	.0495	.0485	.0475	.0465	.0455
1.7	.0446	.0436	.0427	.0418	.0409	.0401	.0392	.0384	.0375	.0367
1.8	.0359	.0351	.0344	.0336	.0329	.0322	.0314	.0307	.0301	.0294
1.9	.0287	.0281	.0274	.0268	.0262	.0256	.0250	.0244	.0239	.0233
2.0	.0228	.0222	.0217	.0212	.0207	.0202	.0197	.0192	.0188	.0183
2.1	.0179	.0174	.0170	.0166	.0162	.0158	.0154	.0150	.0146	.0143
2.2	.0139	.0136	.0132	.0129	.0125	.0122	.0119	.0116	.0113	.0110
2.3	.0107	.0104	.0102	.0099	.0096	.0094	.0091	.0089	.0087	.0084
2.4	.0082	.0080	.0078	.0075	.0073	.0071	.0069	.0068	.0066	.0064
2.5	.0062	.0060	.0059	.0057	.0055	.0054	.0052	.0051	.0049	.0048
2.6	.0047	.0045	.0044	.0043	.0041	.0040	.0049	.0038	.0037	.0036
2.7	.0035	.0034	.0033	.0032	.0031	.0030	.0029	.0028	.0027	.0026
2.8	.0026	.0025	.0024	.0023	.0023	.0022	.0021	.0021	.0020	.0019
2.9	.0019	.0018	.0018	.0017	.0016	.0016	.0015	.0015	.0014	.0014
3.0	.0013	.0013	.0013	.0012	.0012	.0011	.0011	.0011	.0010	.0010

부표 2. 정규분포표 (P-u)

P	0	1	2	3	4	5	6	7	8	9
0.00	∞	3.090	2.878	2.748	2.652	2.576	2.512	2.457	2.409	2.366
0.0	∞	2.326	2.054	1.881	1.751	1.645	1.555	1.476	1.405	1.341
0.1	1.282	1.227	1.175	1.126	1.080	1.036	994	.954	.915	.878
0.2	.842	.806	.772	.739	.706	.674	.643	.613	.583	.553
0.3	.524	.496	.468	.440	.412	.385	.358	.332	.305	.279
0.4	.253	.228	.202	.176	.151	.126	.100	.075	.050	.025

부표 3. X^2표

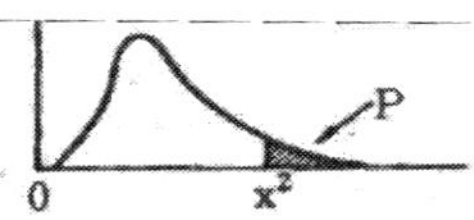

P / φ	.995	.99	.975	.95	.90	.75	.50	.25	.10	.05	.025	.01	.005	P / φ
1	0.0^4393	0.0^3157	0.0^3982	0.0^23	0.0158	0.102	0.455	1.323	2.71	3.84	5.02	6.63	7.88	1
2	0.0100	0.0201	0.0506	0.103	0.211	0.575	1.386	2.77	4.61	5.99	7.38	9.21	10.60	2
3	0.0717	0.115	0.216	0.352	0.584	1.213	2.37	4.11	6.25	7.81	9.35	11.34	12.84	3
4	0.207	0.297	0.484	0.711	1.064	1.923	3.36	5.39	7.78	9.49	11.14	13.28	14.86	4
5	0.412	0.554	0.831	1.145	1.610	2.67	4.35	6.63	9.24	11.07	12.83	15.09	16.75	5
6	0.676	0.872	1.237	1.635	2.20	3.45	5.35	7.84	10.64	12.59	14.45	16.81	18.55	6
7	0.989	1.239	1.690	2.17	2.83	4.25	6.35	9.04	12.02	14.07	16.01	18.48	20.3	7
8	1.344	1.646	2.18	2.73	3.49	5.07	7.34	10.22	13.36	15.51	17.53	20.1	22.0	8
9	1.735	2.09	2.70	3.33	4.17	5.90	8.34	11.39	14.68	16.92	19.02	21.7	23.6	9
10	2.16	2.56	3.25	3.94	4.87	6.74	9.34	12.55	15.99	18.31	20.5	23.2	25.2	10
11	2.60	3.05	3.82	4.57	5.58	7.58	10.34	13.70	17.28	19.68	21.9	24.7	26.8	11
12	3.07	3.57	4.40	5.23	6.30	8.44	11.34	14.85	18.55	21.0	23.3	26.2	28.3	12
13	3.57	4.11	5.01	5.89	7.04	9.30	12.34	15.98	19.81	22.4	24.7	27.7	29.8	13
14	4.70	4.66	5.63	6.57	7.79	10.17	13.34	17.12	21.1	23.7	26.1	29.1	31.3	14
15	4.60	5.23	6.26	7.26	8.55	11.04	14.34	18.25	22.3	25.0	27.5	30.6	32.8	15
16	5.14	5.81	6.91	7.96	9.31	11.91	15.34	19.37	23.5	26.3	28.8	32.0	34.3	16
17	5.70	6.41	7.56	8.67	10.09	12.79	16.34	20.5	24.8	27.6	30.2	33.4	35.7	17
18	6.26	7.01	8.23	9.39	10.86	13.68	17.34	21.6	26.0	28.9	31.5	34.8	37.2	18
19	6.84	7.63	8.91	10.12	11.65	14.56	18.34	22.7	27.2	30.1	32.9	36.2	38.6	19
20	7.43	8.26	9.59	10.85	12.44	15.45	19.34	23.8	28.4	31.4	34.2	37.6	40.0	20
21	8.03	8.90	10.28	11.59	13.24	16.34	20.3	24.9	29.6	32.7	35.5	38.9	41.4	21
22	8.64	9.54	10.98	12.34	14.04	17.24	21.3	26.0	30.8	33.9	36.8	40.3	42.8	22
23	9.26	10.20	11.69	13.09	14.85	18.14	22.3	27.1	32.0	35.2	38.1	41.6	44.2	23

ϕ \ P	.995	.99	.975	.95	.90	.75	.50	.25	.10	.05	.025	.01	.005	P / ϕ
24	9.89	10.86	12.40	13.85	15.66	19.04	23.3	28.2	33.2	36.4	39.4	43.0	45.6	24
25	10.52	11.52	13.12	14.61	16.47	19.94	24.3	29.3	34.4	37.7	40.6	44.3	46.9	25
26	11.16	12.20	13.84	15.38	17.29	20.8	25.3	30.4	35.6	38.9	41.9	45.6	48.3	26
27	11.81	12.88	14.57	16.15	18.11	21.7	26.3	31.5	36.7	40.1	43.2	47.0	49.6	27
28	12.46	13.56	15.31	16.93	18.94	22.7	27.3	32.6	37.9	41.3	44.5	48.3	51.0	28
29	13.12	14.26	16.05	17.71	19.77	23.6	28.3	33.7	39.1	42.6	45.7	49.6	52.3	29
30	13.79	14.95	16.79	18.49	20.6	24.5	29.3	34.8	40.3	43.8	47.0	50.9	53.7	30
40	20.7	22.2	24.4	26.5	29.1	33.7	39.3	45.6	51.8	55.8	59.3	63.7	66.8	40
50	28.0	29.7	32.4	34.8	37.7	42.9	49.3	56.3	63.2	67.5	71.4	76.2	79.5	50
60	35.5	37.5	40.5	43.2	46.5	52.3	59.3	67.0	74.4	79.1	83.3	88.4	92.0	60
70	43.3	45.4	48.8	51.7	55.3	61.7	69.3	77.6	85.5	90.5	95.0	100.4	104.2	70
80	51.2	53.5	57.2	60.4	64.3	71.1	79.3	88.1	96.6	101.9	106.6	112.3	116.3	80
90	59.2	61.8	65.6	69.1	73.3	80.6	89.3	98.6	107.6	113.1	118.1	124.1	128.3	90
100	67.3	70.1	74.2	77.9	82.4	90.1	99.3	109.1	118.6	124.3	129.6	135.8	140.2	100

부표 4. t 표

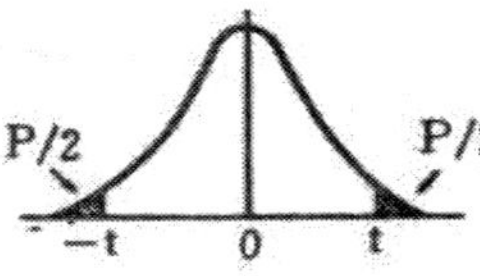

P / φ	0.50	0.40	0.30	0.20	0.10	0.05	0.02	0.01	0.001	P / φ
1	1.000	1.376	1.963	3.078	6.314	12.706	31.821	63.657	636.619	1
2	0.816	1.061	1.386	1.886	2.920	4.303	6.965	9.925	31.598	2
3	0.765	0.978	1.250	1.638	2.353	3.183	4.541	5.841	12.941	3
4	0.741	0.941	1.190	1.533	2.132	2.776	3.747	4.604	8.610	4
5	0.727	0.920	1.156	1.476	2.015	2.571	3.365	4.032	6.859	5
6	0.718	0.906	1.134	1.440	1.943	2.447	3.143	3.707	5.959	6
7	0.711	0.896	1.119	1.415	1.895	2.365	2.998	3.499	5.405	7
8	0.706	0.889	1.108	1.397	1.860	2.306	2.896	3.355	5.041	8
9	0.703	0.883	1.100	1.383	1.833	2.262	2.821	3.250	4.781	9
10	0.700	0.879	1.093	1.372	1.812	2.228	2.764	3.169	4.587	10
11	0.697	0.876	1.088	1.363	1.796	2.201	2.718	3.106	4.437	11
12	0.695	0.873	1.083	1.356	1.782	2.179	2.681	3.055	4.318	12
13	0.694	0.870	1.079	1.305	1.771	2.160	2.650	3.012	4.221	13
14	0.692	0.868	1.076	1.345	1.761	2.145	2.624	2.977	4.140	14
15	0.691	0.866	1.074	1.341	1.753	2.131	2.602	2.947	4.073	15
16	0.690	0.865	1.071	1.337	1.746	2.120	2.583	2.921	4.015	16
17	0.689	0.863	1.069	1.333	1.740	2.110	2.567	2.898	3.965	17
18	0.688	0.862	1.067	1.330	1.734	2.101	2.552	2.878	3.922	18
19	0.688	0.861	1.066	1.328	1.729	2.093	2.539	2.861	3.883	19
20	0.687	0.860	1.064	1.325	1.725	2.086	2.528	2.845	3.850	20
21	0.686	0.859	1.063	1.323	1.721	2.080	2.518	2.831	3.819	21
22	0.686	0.858	1.061	1.321	1.717	2.074	2.508	2.819	3.792	22
23	0.685	0.858	1.060	1.319	1.714	2.069	2.500	2.807	3.767	23
24	0.685	0.857	1.059	1.318	1.711	2.064	2.492	2.797	3.745	24
25	0.684	0.856	1.058	1.316	1.708	2.060	2.485	2.787	3.725	25
26	0.684	0.856	1.058	1.315	1.706	2.056	2.479	2.779	3.707	26
27	0.684	0.855	1.057	1.314	1.703	2.052	2.473	2.771	3.690	27
28	0.683	0.855	1.056	1.313	1.701	2.048	2.467	2.763	3.674	28
29	0.683	0.854	1.055	1.311	1.699	2.045	2.462	2.756	3.659	29
30	0.683	0.854	1.055	1.310	1.697	2.042	2.457	2.750	3.646	30
40	0.681	0.851	1.050	1.303	1.684	2.021	2.423	2.704	3.551	40
60	0.679	0.848	1.046	1.296	1.671	2.000	2.390	2.660	3.460	60
120	0.677	0.845	1.041	1.289	1.658	1.980	2.358	2.617	3.378	120
∞	0.674	0.842	1.036	1.282	1.645	1.960	2.326	2.576	3.291	∞

부표 5. F 표

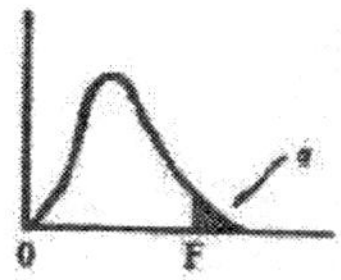

위의숫자5% : 아래숫자 1%

ϕ_2 \ ϕ_1	1	2	3	4	5	6	7	8	9	10	12	15	20	24	30	40	60	120	∞	ϕ_1 / ϕ_2
1	161.	200.	216.	225.	230.	234.	237.	239.	241.	242.	244.	246.	248.	249.	250.	251.	252.	253.	254.	1
	4,052.	5,000.	5,403.	5,625.	5,764.	5.859.	5,928.	5,982.	6,022.	6,056.	6,106.	6,157.	6,209.	6,235.	6,261.	6,287.	6,313.	6,339.	6,366.	
2	18.5	19.0	19.2	19.2	19.3	19.3	19.4	19.4	19.4	19.4	19.4	19.4	19.4	19.5	19.5	19.5	19.5	19.5	19.5	2
	98.5	99.0	99.2	99.2	99.3	99.3	99.4	99.4	99.4	99.4	99.4	99.4	99.4	99.5	99.5	99.5	99.5	99.5	99.5	
3	10.1	9.55	9.28	9.12	9.01	8.94	8.89	8.85	8.81	8.79	8.74	8.70	8.66	8.64	8.62	8.59	8.57	8.55	8.53	3
	34.1	30.8	29.5	28.7	28.2	27.9	27.7	27.5	27.3	27.2	27.1	26.9	26.7	26.6	26.5	26.4	26.3	26.2	26.1	
4	7.71	6.94	6.59	6.39	6.26	6.16	6.09	6.04	6.00	5.96	5.91	5.86	5.80	5.77	5.75	5.72	5.69	5.66	5.63	4
	21.2	18.0	16.7	16.0	15.5	15.2	15.0	14.8	14.7	14.5	14.4	14.2	14.0	13.9	13.8	13.7	13.7	13.6	13.5	
5	6.61	5.79	5.41	5.19	5.05	4.95	4.88	4.82	4.77	4.74	4.68	4.62	4.56	4.53	4.50	4.46	4.43	4.40	4.36	5
	16.3	13.3	12.1	11.4	11.0	10.7	10.5	10.3	10.2	10.1	9.89	9.72	9.55	9.47	9.38	9.29	9.20	9.11	9.02	
6	5.99	5.14	4.76	4.53	4.39	4.28	4.21	4.15	4.10	4.06	4.00	3.94	3.87	3.84	3.81	3.77	3.74	3.70	3.67	6
	13.7	10.9	9.78	9.15	8.75	8.47	8.26	8.10	7.98	7.87	7.72	7.56	7.40	7.31	7.23	7.14	7.06	6.97	6.88	
7	5.59	4.74	4.35	4.12	3.97	3.87	3.79	3.73	3.68	3.64	3.57	3.51	3.44	6.44	3.38	3.34	3.30	3.27	3.23	7
	12.2	9.55	8.45	7.85	7.46	7.19	6.99	6.84	6.72	6.62	6.47	6.31	6.16	6.07	5.99	5.91	5.82	5.74	5.65	
8	5.32	4.46	4.07	3.84	3.69	3.58	3.50	3.44	3.39	3.35	3.28	3.22	3.15	3.12	3.08	3.04	3.01	2.97	2.93	8
	11.3	8.65	7.59	7.01	6.63	6.37	6.18	6.03	5.91	5.81	5.67	5.52	5.36	5.28	5.20	5.12	5.03	4.95	4.86	
9	5.12	4.26	3.86	3.63	3.48	3.37	3.29	3.23	3.18	3.14	3.07	3.01	2.94	2.90	2.86	2.83	2.97	2.75	2.71	9
	10.6	8.02	6.99	6.42	6.06	5.80	5.61	5.47	5.35	5.26	5.11	4.96	4.81	4.73	4.65	4.57	4.48	4.40	4.31	
10	4.96	4.10	3.71	3.48	3.33	3.22	3.14	3.07	3.02	2.98	2.91	2.84	2.77	2.74	2.70	2.66	2.62	2.58	2.54	10
	10.0	7.56	6.55	5.99	5.64	5.39	5.20	5.06	4.94	4.85	4.71	4.56	4.41	4.33	4.25	4.17	4.08	3.00	3.91	
11	4.84	3.98	3.59	3.36	3.20	3.09	3.01	2.95	2.90	2.85	2.79	2.72	2.65	2.61	2.57	2.53	2.49	2.45	2.40	11
	9.65	7.21	6.22	5.67	5.32	5.07	4.89	4.74	4.63	4.54	4.40	4.25	4.10	4.02	3.94	3.86	3.78	3.69	3.60	
12	4.75	3.89	3.49	3.26	3.11	3.00	2.91	2.85	2.80	2.75	2.69	2.62	2.54	2.51	2.47	2.43	2.38	2.34	2.30	12
	9.33	6.93	5.95	5.41	5.06	4.82	4.64	4.50	4.39	4.30	4.16	4.01	3.86	3.78	3.70	3.62	3.54	3.45	3.36	
13	4.67	3.81	3.41	3.18	3.03	2.92	2.83	2.77	2.71	2.67	2.60	2.53	2.46	2.42	2.38	2.34	2.30	2.25	2.21	13
	9.07	6.70	5.74	5.21	4.86	4.62	4.44	4.30	4.19	4.10	3.96	3.82	3.66	3.59	3.51	3.43	3.34	3.25	3.17	
14	4.60	3.74	3.34	3.11	2.96	2.85	2.76	2.70	2.65	2.60	2.53	2.46	2.39	2.35	2.31	2.27	2.22	2.18	2.13	14
	8.86	6.51	5.56	5.04	4.70	4.46	4.28	4.14	4.03	3.94	3.80	3.66	3.51	3.43	3.35	3.27	3.18	3.09	3.00	
15	4.54	3.68	3.29	3.06	2.90	2.79	2.71	2.61	2.59	2.54	2.48	2.40	2.33	2.29	2.25	2.20	2.16	2.11	2.07	15
	8.68	6.36	5.42	4.89	4.56	4.32	4.14	4.00	3.89	3.80	3.67	3.52	3.37	3.29	3.21	3.13	3.05	2.96	2.87	
16	4.49	3.63	3.24	3.01	2.85	2.74	2.66	2.59	2.54	2.49	2.42	2.35	2.28	2.24	2.19	2.15	2.11	2.06	2.01	16
	8.53	6.23	5.29	4.77	4.44	4.20	4.03	3.89	3.78	3.69	3.55	3.41	3.26	3.18	3.10	3.02	2.93	2.84	2.75	
17	4.45	3.59	3.20	2.96	2.81	2.70	2.61	2.55	2.49	2.45	2.38	2.31	2.23	2.19	2.15	2.10	2.06	2.01	1.96	17
	8.40	6.11	5.18	4.67	4.34	4.10	3.93	3.79	3.68	3.59	3.46	3.31	3.16	3.08	3.00	2.92	2.83	2.75	2.65	

$\phi_2 \backslash \phi_1$	1	2	3	4	5	6	7	8	9	10	12	15	20	24	30	40	60	120	∞	ϕ_1 / ϕ_2
18	4.41	3.55	3.16	2.93	2.77	2.66	2.58	2.51	2.46	2.41	2.34	2.27	2.19	2.15	2.11	2.06	2.02	1.97	1.92	18
	8.29	6.01	5.09	4.58	4.25	4.01	3.84	3.71	3.60	3.51	3.37	3.23	3.08	3.00	2.92	2.84	2.75	2.66	2.57	
19	4.38	3.52	3.13	2.90	2.74	2.63	2.54	2.48	2.42	2.38	2.31	2.23	2.16	2.11	2.07	2.03	1.98	1.93	1.88	19
	8.18	5.93	5.91	4.50	4.17	3.94	3.77	3.63	3.52	3.43	3.30	3.15	3.00	2.92	2.84	2.76	2.67	2.58	2.49	
20	4.35	3.49	3.10	2.87	2.71	2.60	2.51	2.65	2.39	2.35	2.28	2.20	2.12	2.08	2.04	1.99	1.95	1.90	1.84	20
	8.10	5.85	4.94	4.43	4.10	3.87	3.70	3.56	3.46	3.37	3.23	3.09	2.94	2.86	2.78	2.69	2.61	2.52	2.42	
21	4.32	3.47	3.07	2.84	2.68	2.57	2.49	2.42	2.37	2.32	2.25	2.18	2.10	2.05	2.01	1.60	1.92	1.87	2.31	21
	8.02	5.78	4.87	4.37	4.04	3.81	3.64	3.51	3.40	3.31	3.17	3.03	2.88	2.80	2.72	2.64	2.55	2.46	2.36	
22	4.30	4.44	3.05	2.82	2.66	2.55	2.46	2.40	2.34	2.30	2.23	2.15	2.07	2.03	1.98	1.94	1.89	1.84	1.78	22
	7.95	5.72	4.82	4.31	3.99	3.76	3.59	3.45	3.35	3.26	3.12	2.98	2.83	2.75	2.67	2.58	2.50	2.40	2.31	
23	4.28	3.42	3.03	2.80	2.64	2.53	2.44	2.37	2.32	2.27	2.20	2.13	2.05	2.00	1.96	1.91	1.86	1.81	1.76	23
	7.88	5.66	4.76	4.26	3.94	3.71	3.54	3.41	2.30	3.21	3.07	2.93	2.78	2.70	2.62	2.54	2.45	2.35	2.26	
24	4.26	3.40	3.01	2.78	2.62	2.51	2.42	2.36	2.30	2.25	2.18	2.11	2.03	1.98	1.94	1.89	1.84	1.79	1.73	24
	7.82	5.61	4.72	4.22	3.90	3.67	3.50	3.36	3.26	3.17	3.03	2.89	2.74	2.66	2.58	2.49	2.40	2.31	2.21	
25	4.24	3.39	2.99	2.76	2.60	2.49	2.40	2.34	2.28	2.24	2.16	2.09	2.01	1.96	1.92	1.87	1.82	1.77	1.71	25
	7.77	5.57	4.68	4.18	3.86	3.63	3.46	3.32	3.22	3.13	2.99	2.85	2.70	2.62	2.54	2.45	2.36	2.27	2.17	
26	4.23	3.37	2.98	2.74	2.59	2.47	2.39	2.32	2.27	2.22	2.15	2.07	1.99	1.95	1.90	1.85	1.80	1.75	1.69	26
	7.72	5.53	4.64	4.14	3.82	3.59	3.42	3.29	3.18	3.09	2.96	2.82	2.66	2.58	2.50	2.42	2.33	2.23	2.13	
27	4.21	3.35	2.96	2.73	2.57	2.46	2.37	2.31	2.25	2.20	2.13	2.06	1.97	1.93	1.88	1.84	1.79	1.73	1.67	27
	7.63	5.49	4.60	4.11	3.78	3.56	3.39	3.26	3.15	3.06	2.93	2.78	2.63	2.55	2.47	2.38	2.29	2.20	2.10	
28	4.20	3.34	2.95	2.71	2.56	2.45	2.36	2.29	2.24	2.19	2.12	2.04	1.96	1.91	1.87	1.82	1.77	1.71	1.65	28
	2.64	5.45	4.57	4.07	3.75	3.53	3.36	3.23	3.12	3.03	2.90	2.75	2.60	2.52	2.44	2.35	2.26	2.17	2.06	
29	4.18	3.33	2.93	2.74	2.55	2.43	2.35	2.28	2.22	2.18	2.10	2.03	1.94	1.90	1.85	1.81	1.75	1.70	1.64	29
	7.60	5.42	4.54	4.04	3.73	2.50	3.33	3.20	3.09	3.00	2.87	2.73	2.57	2.49	2.41	2.33	2.23	2.14	2.03	
30	4.17	3.32	2.92	2.69	2.53	2.42	2.33	2.27	2.21	2.16	2.09	2.01	1.93	1.89	1.84	1.79	1.74	1.68	1.62	30
	7.56	5.39	4.51	4.02	3.70	3.47	3.30	3.17	3.07	2.98	2.84	2.70	2.55	2.47	2.39	2.30	2.21	2.11	2.01	
40	4.08	3.23	2.84	2.61	2.45	2.34	2.25	2.18	2.12	2.08	2.00	1.92	1.84	1.79	1.74	1.69	1.64	1.58	1.51	40
	7.31	5.18	4.31	3.83	3.51	3.29	3.12	2.99	89	2.80	2.66	2.52	2.37	2.29	2.20	2.11	2.02	1.92	1.80	
60	4.00	3.15	2.76	2.53	2.37	2.25	2.17	2.10	2.04	1.99	1.92	1.84	1.75	1.70	1.65	1.59	1.53	1.47	1.39	60
	7.08	4.98	4.13	3.65	3.34	3.12	2.95	1.82	2.72	2.63	2.50	2.35	2.20	2.12	2.03	1.94	1.84	1.73	1.60	
120	3.92	3.07	2.68	2.45	2.29	2.18	2.09	2.02	1.96	1.91	1.83	1.75	1.66	1.61	1.55	1.50	1.43	1.35	1.25	120
	6.85	4.79	3.95	3.48	3.17	2.96	2.79	2.66	2.56	2.47	2.34	2.19	2.03	1.95	1.86	1.76	1.66	1.53	1.38	
∞	3.84	3.00	2.60	2.37	2.21	2.10	2.01	1.94	1.88	1.83	1.75	1.67	1.57	1.52	1.46	1.39	1.32	1.22	1.00	∞
	6.63	4.61	3.78	3.32	3.02	2.80	2.64	2.51	2.41	2.32	2.18	2.04	1.88	1.79	1.70	1.59	1.47	1.32	1.00	
ϕ_2 / ϕ_1	1	2	3	4	5	6	7	8	9	10	12	15	20	24	30	40	60	120	∞	$\phi_2 \backslash \phi_1$

부표 6. 2점 대비시험법의 유의검정표

유의수준 검사회수(n)	유의차이를 위한 최소정답수			유의수준 검사회수(n)	유의차이를 위한,최소정답수		
	5%	1%	0.1%		5%	1%	0.1%
6	6	—	—	49	32	34	37
7	7	—	—	50	32	35	37
8	8	8	—	51	33	35	38
9	8	9	—	52	34	36	38
10	9	10	—	53	34	36	39
11	10	11	11	54	35	37	40
12	10	11	12	55	35	38	40
13	11	12	13	56	36	38	41
14	12	13	14	57	36	39	41
15	12	13	14	58	37	39	42
16	13	14	15	59	38	40	43
17	13	15	16	60	38	40	43
18	14	15	17	61	39	41	44
19	15	16	17	62	39	42	44
20	15	17	18	63	40	42	45
21	16	17	19	64	40	43	46
22	17	18	19	65	41	43	46
23	17	19	20	66	41	44	47
24	18	19	21	67	42	45	47
25	18	20	21	68	43	45	48
26	19	20	22	69	43	46	49
27	20	21	23	70	44	46	49
28	20	22	23	71	44	47	50
29	21	22	24	72	45	47	50
30	21	23	25	73	45	48	51
31	22	24	25	74	46	49	52
32	23	24	26	75	46	49	52
33	23	25	27	76	47	50	53
34	24	25	27	77	47	50	53
35	24	26	28	78	48	51	54
36	25	27	29	79	49	51	55
37	25	27	29	80	49	52	55
38	26	28	30	82	50	53	56
39	27	28	31	84	51	54	58
40	27	29	31	86	53	55	59
41	27	29	32	88	54	57	60
42	28	30	32	90	55	58	61
43	28	30	33	92	56	59	62
44	29	31	33	94	57	60	63
45	30	32	34	96	58	61	65
46	30	32	35	98	59	62	66
47	31	33	35	100	60	63	67
48	31	33	36				

부표 7. 1.2점 시험법의 유의검정표

유의수준 / 검사회수(n)	유의차이를 위한 최소정답수 5%	1%	0.1%	유의수준 / 검사회수(n)	유의차이를 위한 최소정답수 5%	1%	0.1%
1				39	26	28	30
2				40	26	28	31
3				41	27	29	31
4				42	27	29	32
5	5			43	28	30	32
6	6			44	28	31	33
7	7	7		45	29	31	34
8	7	8		46	30	32	34
9	8	9		47	30	32	35
10	9	10	10	48	31	33	36
11	9	10	11	49	31	34	36
12	10	11	12	50	32	34	37
13	10	12	13	52	33	35	38
14	11	12	13	54	34	36	39
15	12	13	14	56	35	38	40
16	12	14	15	58	36	39	42
17	13	14	16	60	37	40	43
18	13	15	16	62	38	41	44
19	14	15	17	64	40	42	45
20	15	16	18	66	41	43	46
21	15	17	18	68	42	45	48
22	16	17	19	70	43	46	49
23	16	18	20	72	44	47	50
24	17	19	20	74	45	48	51
25	18	19	21	76	46	49	52
26	18	20	22	78	47	50	54
27	19	20	22	80	48	51	55
28	19	21	23	82	49	52	56
29	20	22	24	84	51	54	57
30	20	22	24	86	52	55	58
31	21	23	25	88	53	56	59
32	22	24	26	90	54	57	61
33	22	24	26	92	55	58	62
34	23	25	27	94	56	59	63
35	23	25	27	96	57	60	64
36	24	26	28	98	58	61	65
37	24	27	29	100	59	63	66
38	25	27	29				

부표 8. 3점 시험법의 유의검정표

유의수준 / 검사회수(n)	유의차이를 위한 최소정답수			유의수준 / 검사회수(n)	유의차이를 위한 최소정답수		
	5%	1%	0.1%		5%	1%	0.1%
3	3	—	—	47	23	24	27
4	4	—	—	48	23	25	27
5	4	5	—	49	23	25	28
6	5	6	—	50	24	26	28
7	5	6	7	51	24	26	29
8	6	7	8	52	24	27	29
9	6	7	8	53	25	27	29
10	7	8	9	54	25	27	30
11	7	8	10	55	26	28	30
12	8	9	10	56	26	28	31
13	8	9	11	57	26	29	31
14	9	10	11	58	27	29	32
15	9	10	12	59	27	29	32
16	9	11	12	60	28	30	33
17	10	11	13	61	28	30	33
18	10	12	13	62	28	31	33
19	11	12	14	63	29	31	34
20	11	13	14	64	29	32	34
21	12	13	15	65	30	32	35
22	12	14	15	66	30	32	35
23	12	14	16	67	30	33	36
24	13	15	16	68	31	33	36
25	13	15	17	69	31	34	36
26	14	15	17	70	32	34	37
27	14	16	18	71	32	34	37
28	15	16	18	72	32	35	38
29	15	17	19	73	33	35	38
30	15	17	19	74	33	36	39
31	16	18	20	75	34	36	39
32	16	18	20	76	34	36	39
33	17	18	21	77	34	37	40
34	17	19	21	78	35	37	40
35	17	19	22	79	35	38	41
36	18	20	22	80	35	38	41
37	18	20	22	82	36	39	42
38	19	21	23	84	37	40	43
39	19	21	23	86	38	40	44
40	19	21	24	88	38	41	44
41	20	22	24	90	39	42	45
42	20	22	25	92	40	43	46
43	21	23	25	94	41	44	47
44	21	23	25	96	42	44	48
45	22	24	26	98	42	45	49
46	22	24	26	100	43	46	49

부표 9. Kramer의 검정표($\alpha = 5\%$)

샘플수 회수	2	3	4	5	6	7	8	9	10	11	12
3				4-14	4-17	4-20	4-23	5-25	5-28	5-31	5—34
4		5-11	5-15	6-18	6-22	7-25	7-29	8-32	8-36	8-39	9-43
5		6-14	7-18	8-22	9-26	9-31	10-35	11-39	12-48	12-48	13-52
6	7-11	8-16	9-21	10-26	11-31	12-36	13-41	14-46	15-51	17-55	18-60
7	7-13	10-18	11-24	12-30	14-35	15-41	17-46	18-52	19-58	21-63	22-69
8	9-15	11-21	13-27	15-33	17-39	18-46	20-52	22-58	24-64	25-71	27-77
9	11-16	13-23	15-30	17-37	19-44	22-50	24-57	26-64	28-71	30-78	32-85
10	12-18	15-25	17-33	20-40	22-48	25-55	27-63	30-70	32-78	35-85	37-93
11	13-20	16-28	19-36	22-44	25-52	28-60	31-68	34-76	36-85	39-93	42-101
12	15-21	18-30	21-39	25-47	28-56	31-65	34-74	38-82	41-91	44-100	47-109
13	16-23	20-32	24-41	27-51	31-60	35-69	38-79	42-88	45-98	49-107	52-117
14	17-25	22-34	26-44	30-54	34-64	38-74	42-84	46-94	50-104	54-114	57-125
15	19-26	23-37	28-47	32-58	37-68	41-79	46-89	50-100	54-111	58-122	63-132
16	20-28	25-39	30-50	35-61	40-72	45-83	49-95	54-106	59-117	63-129	68-140
17	22-29	27-41	32-53	38-64	43-76	48-88	53-100	58-112	63-124	68-136	73-148
18	32-31	29-43	34-56	40-68	46-80	52-92	47-105	61-118	68-130	73-143	79-155
19	24-33	30-46	37-58	43-71	49-84	55-97	61-110	67-123	73-136	78-150	84-163
20	26-34	32-48	39-61	45-75	52-88	58-102	65-115	71-129	77-143	83-157	90-170
21	27-37	34-50	41-64	47-78	54-94	61-106	67-122	73-136	83-153	87-165	93-180
22	29-38	36-52	43-67	50-82	57-96	64-111	70-127	76-142	85-157	92-173	100-188
23	30-40	37-56	45-70	52-85	59-100	67-115	73-132	80-148	90-163	97-180	105-195
24	31-42	39-57	48-73	55-88	62-104	70-120	76-138	84-153	94-170	101-187	110-203
25	32-43	41-59	49-76	57—92	65-108	71-125	80-143	88-159	98-176	105-195	115-211
26	34-45	42-61	52-79	59-95	68-112	77-129	83-148	92-165	103-183	109-202	120-220
27	35-47	44-64	53-82	62-98	71-116	80-134	86-154	95-171	107-190	113-210	126-228
28	36-48	46-66	55-85	64-102	73-120	83-138	90-158	99-177	111-197	118-217	131-235
29	38-50	47-68	58—87	66-105	76-124	86-143	93-165	103-183	116-203	123-225	137-243
30	39-52	49-70	60-91	69-109	79-128	90-148	97-170	106-189	120-210	127-232	142-252
31	40-53	50-73	62-93	71-112	82-132	93-152	100-175	110-196	124-217	132-240	148-260
32	42-55	52-75	64-96	74-116	85-136	96-157	103-181	114-202	129-223	137-247	153-267
33	43-57	54-77	66-99	76-119	88-140	99-162	107-186	118-208	133-230	141-254	158-277
34	44-58	56-79	68-103	78-123	90-144	102-166	110-191	122-213	138-237	146-262	163-204
35	46-60	57-81	70-105	81-126	93-148	106-171	113-197	125-220	142-243	150-269	168-293
36	47-62	59-84	72-108	83-130	96-153	109-176	117-202	129-226	147-250	155-276	171-300
37	48-64	61-86	74-111	85-134	98-157	112-180	120-207	133-232	151-257	160-283	179-308
38	50-65	62-88	76-114	88-137	101-160	115-185	124-213	137-238	155-263	164-292	183-318
39	51-67	64-91	78-117	90-140	104-165	119-190	127-218	140-244	160-270	169-299	189-324
40	52-69	66-93	80-120	93-144	107-169	122-194	130-224	144-250	164-277	174-307	195-332
41	54-70	68-95	83-123	95-147	110-173	125-199	134-230	148-256	169-283	178-315	200-340
42	55-72	69-97	85-126	97-151	112-177	128-204	137-235	152-262	173-290	183-322	205-346
43	56-74	71-99	87-129	100-154	115-181	132-208	140-240	156-268	178-297	187-330	211-357
44	58-76	73-102	89-132	102-158	118-185	135-213	144-246	160-275	182-303	192-338	216-365
45	59-77	74-104	91-135	105-161	121-189	138-218	147-251	163-280	186-310	196-345	221-373
46	61-79	76-106	93-137	107-165	124-193	142-223	151-256	167-286	191-317	201-353	227-381
47	62-81	78-108	95-140	110-168	127-197	145-227	154-262	171-292	195-324	205-360	232-390
48	63-82	79-111	97-143	112-172	129-202	148-232	158-267	175-296	200-331	210-368	238-397
49	65-84	81-113	99-146	114-175	132-206	152-237	161-272	178-304	204-338	215-375	240-405
50	66-86	83-115	101-149	116-178	135-210	155-241	168-278	183-310	209-345	192-383	249-418

부표 10. 2점 원자량표

(알파벳순)

원소	원소기호	원자번호	원자량	원소	원소기호	원자번호	원자량
Actinium	Ac	89	227.0278	Manganese	Mn	25	54.9380
Aluminum	Al	13	26.98154	Mendelevium	Md	101	(258)
Americium	Am	95	(243)	Mercury	Hg	80	200.59
Antimony	Sb	51	121.75	Molybdenum	Mo	42	95.94
Argon	Ar	18	39.948	Neodymium	Nd	60	144.24
Arsenic	As	33	74.9216	Neon	Ne	10	20.179
Astatine	At	85	(210)	Neptumium	Np	93	237.0482
Barium	Ba	56	137.33	Nickel	Ni	28	58.69
Berkelium	Bk	97	(247)	Niobium	Nb	41	92.9064
Beryllium	Be	4	9.01218	Nitrogen	N	7	14.0067
Bismuth	Bi	83	208.9804	Nobelium	No	102	(259)
Boron	B	5	10.81	Osmium	Os	76	190.2
Bromine	Br	35	79.904	Oxygen	O	8	15.9994
Cadmium	Cd	48	112.41	Palladium	Pd	46	106.42
Calcium	Ca	20	40.08	Phospohorus	P	15	30.97376
Californium	Cf	98	(251)	Platinum	Pt	78	195.08
Carbon	C	6	12.011	Plutonium	Pu	94	(244)
Cerium	Ce	58	140.12	Polonium	Po	84	(209)
Cesium	Cs	55	132.9054	Potassium	K	19	39.0983
Chlorine	Cl	17	35.453	Praseodymium	Pr	59	140.9077
Chromium	Cr	24	51.996	Promethium	Pm	61	(145)
Cobalt	Co	27	58.9332	protactinium	Pa	91	231.0359*
Copper	Cu	29	63.546	Radium	Ra	88	226.0254*
Curium	Cm	96	(247)	Radon	Rn	86	(222)
Dysprosium	Dy	66	162.50	Rhenium	Re	75	186.207
Einsteinium	Es	99	(252)	Rhodium	Rh	45	102.9055
Element104		104	(261)	Rubidium	Rb	37	85.4678
Element105		105	(262)	Ruthenium	Ru	44	101.07
Element106		106	(263)	Samarium	Sm	62	150.36
Erbium	Er	68	167.26	Scandium	Sc	21	44.9559
Europium	Eu	63	151.96	Selenium	Se	34	78.96
Fermium	Fm	100	(257)	Silicon	Si	14	28.0855
Fluorine	F	9	18.998403	Silver	Ag	47	107.868
Francium	Fr	87	(223)	Sodium	Na	11	22.98977
Gadolinium	Gd	64	157.25	Strontium	Sr	38	87.62
Gallium	Ga	31	69.72	Sulfur	S	16	32.06
Germanium	Ge	32	72.59	Tantalum	Ta	73	180.9479
Gold	Au	79	196.9665	Technetium	Tc	43	(98)
Hafnium	Hf	72	178.49	Tellurium	Te	52	127.60

원 소	원소기호	원자번호	원자량	원 소	원소기호	원자번호	원자량
Helium	He	2	4.00260	Terbium	Tb	65	158.9254
Holmium	Ho	67	164.9304	Thallium	Tl	81	204.383
Hydrogen	H	1	1.0079	Thorium	Th	90	232.0381*
Indium	In	49	114.82	Thulium	Tm	69	168.9342
Iodine	I	53	126.9045	Tin	Sn	50	118.69
Iridium	Ir	77	192.22	Titanium	Ti	22	47.88
Iron	Fe	26	55.847	Tungsten	W	74	183.85
Krypton	Kr	36	83.80	Uranium	U	92	238.0289
Lanthanum	La	57	138.9055	Vanadium	V	23	50.9415
Lawrencium	Lr	103	(260)	Xenon	Xe	54	131.29
Lead	Pb	82	207.2	Ytterbium	Yb	70	173.04
Lithium	Li	3	6.941	Yttrium	Y	39	88.9059
Lutetium	Lu	71	174.967	Zinc	Zn	30	65.38
Magnesium	Mg	12	24.305	Zirconium	Zr	40	91.22

원소의 원자량은 1979년 IUPAC 원자량 위원회의 자료에 의함 ( )는 최장, 반감기를 갖는 동위원소의 질량임.

부표 11. 원자량표

(원자번호순)

원자번호	원소	원소기호	원자량	원자번호	원소	원소기호	원자량
1	Hydrogen	H	1.0079	54	Xenon	Xe	131.29
2	Helium	He	4.00260	55	Cesium	Cs	132.9054
3	Lithium	Li	6.941	56	Barium	Ba	137.33
4	Beryllium	Be	9.01218	57	Lanthanum	La	138.9055
5	Boron	B	10.81	58	Cerium	Ce	140.12
6	Carbon	C	12.011	59	Praseodymium	Pr	140.9077
7	Nitrogen	N	14.0067	60	Neodymium	Nd	144.24
8	Oxygen	O	15.9994	61	Promethium	Pm	(145)
9	Fluorine	F	18.998403	62	Samarium	Sm	150.36
10	Neon	Ne	20.179	63	Europium	Eu	151.96
11	Sodium	Na	22.98977	64	Gadolinium	Gd	157.26
12	Magnesium	Mg	24.305	65	Terbium	Tb	158.9254
13	Aluminum	Al	26.98154	66	Dysprosium	Dy	162.50
14	Silicon	Si	28.0855	67	Holmium	Ho	164.9304
15	Phosphorus	P	30.97376	68	Erbium	Er	167.26
16	Sulfur	S	32.06	69	Thulium	Tm	168.9342
17	Chloine	Cl	35.453	70	Ytterbium	Yb	173.04
18	Argon	Ar	39.948	71	Lutetium	Lu	174.967
19	Potassium	K	39.0983	72	Hafnium	Hf	178.49
20	Calcium	Ca	40.08	73	Tantalum	Ta	180.9479
21	Scandium	Sc	44.9559	74	Tungsten	W	183.85
22	Titanium	Ti	47.88	75	Rhenium	Re	186.207
23	Vanadium	V	50.9415	76	Osmium	Os	190.2
24	Chromium	Cr	51.996	77	Iridium	Ir	192.22
25	Manganese	Mn	54.9380	78	Platinum	Pt	195.08
26	Iron	Fe	55.847	79	Gold	Au	196.9665
27	Cobalt	Co	58.9332	80	Mercury	Hg	200.59
28	Nickel	Ni	58.69	81	Thallium	Tl	204.383
29	Copper	Cu	63.546	82	Lead	Pb	207.2
30	Zinc	Zn	65.38	83	Bismuth	Bi	208.9804
31	Gallium	Ga	69.72	84	Polonium	Po	(209)
32	Germanium	Ge	72.59	85	Astatine	At	(210)
33	Arsenic	As	74.9216	86	Radon	Rn	(222)
34	Selenium	Se	78.96	87	Francium	Fr	(223)
35	Bromine	Br	79.904	88	Radium	Ra	226.0254*
36	Krypton	Kr	83.80	89	Actinium	Ac	227.0278*
37	Rubidium	Rb	85.4678	90	Thorium	Th	232.0381*
38	Strontium	Sr	87.62	91	Protactinium	Pa	231.0359*
39	Yttrium	Y	88.9059	92	Uranium	U	238.0289*
40	Zirconium	Zr	91.22	93	Neptunium	Np	237.0482*
41	Niobium	Nb	92.9064	94	Plutonium	Pu	(244)
42	Molybdenum	Mo	95.94	95	Americium	Am	(243)
43	Technetium	Tc	(98)	96	Curium	Cm	(247)
44	Ruthenium	Ru	101.07	97	Berkelium	Bk	(247)
45	Rhodium	Rh	102.9055	98	Californium	Cf	(251)
46	Palladium	Pd	106.42	99	Einsteinium	Es	(252)
47	Silver	Ag	107.868	100	Fermium	Fm	(257)
48	Cadmium	Cd	112.41	101	Mendelevium	Md	(258)
49	Indium	In	114.82	102	Nobelium	No	(259)
50	Tin	Sn	118.69	103	Lawrencium	Lr	(260)
51	Antimony	Sb	121.75	104			(261)
52	Tellurium	Te	127.60	105			(262)
53	Iodine	I	126.9045	106			(263)

부표 12. 그리스어 알파벳

대문자	소문자	영어명	읽 는 법
Α	α	alpha	알파
Β	β	beta	베타
Γ	γ	gamma	감마
Δ	δ	delta	델타
Ε	ε	epsilon	입실론, 엡실론, 엡사이론
Ζ	ζ	zeta	제타, 지타
Η	η	eta	이타, 에타
Θ	θ	theta	시타, 테타
Ι	ι	iota	이오타, 요타, 아이오타
Κ	κ	kappa	카파
Λ	λ	lamda	람다
Μ	μ	mu	뮤, 무
Ν	ν	nu	뉴, 누
Ξ	ξ	xi	구사이, 구자이, 구시, 자이
Ο	ο	omicron	오미크론, 오마이크론
Π	π	pi	파이, 피
Ρ	ρ	rho	로
Σ	σ	sigma	시그마
Τ	τ	tau	타우, 토
Υ	υ	upsilon	입실론, 윱실론
Φ	ϕ, φ	phi	파이, 피
Χ	χ	chi	카이, 차이, 키
Ψ	ψ	psi	프사이, 프시, 사이
Ω	ω	omega	오메가

부표 13. 수(數)를 나타내는 접두어

	그리스어계	라틴어계
1/2	hemi	semi
1	mono	uni
8/2	—	sesqui
2	di	bi(bis)
3	tri	ter
4	tetra(tetr)	quadri(quadr)
5	penta(pent)	quinque(quingu)
6	hexa(hex)	sexa(sexi, sex)
7	hepta(hept)	septa(septi, sept)
8	octa(octo,oct)	
9	ennea(enne)	nona(non), novem
10	deca(dec)	decem

	그리스어계	라 틴 어 계
11	hendeca	undeca(undec), undecem
12	dodeca	duodecem
13	tideca	—
14	tetradeca	—
15	pentadeca	—
⋮	⋮	—
20	eicosa	—
21	heneicosa	—
22	docosa	—
23	tricosa	—
⋮	⋮	
30	triaconta	
40	tetraconta	
equal	homo	equi
many	poly	multi

10^{12}	(1兆倍)	tera	1/10	(10^{-1})	deci
10^9	(10億倍)	giga	1/100	(10^{-2})	centi
10^6	(百万倍)	mega	1/1000	(10^{-3})	milli
10^4	(1万倍)	myria	$1/10^6$	(10^{-6})	micro
10^3	(千 倍)	kilo	$1/10^9$	(10^{-9})	nano
10^2	(百 倍)	hecto	$1/10^{12}$	(10^{-12})	picod
10	(十 倍)	deca	$1/10^{15}$	(10^{-15})	femto

부표 14. 단위환산표

길 이(LENGTH)

unit	cm	m	inch	ft	yd	mile	자	간	정	리
1 cm	1	0.01	0.3937	0.0328	0.0109	……	0.033	0.0055	0.00009	……
1 m	100	1	39.37	3.2808	1.0936	0.0006	3.3	0.55	0.00917	0.00025
1 inch	2.54	0.0254	1	0.0833	0.0278	……	0.838	0.0140	0.0002	……
1 ft	30.48	0.3048	12	1	0.3333	0.00019	1.0058	0.1676	0.0028	……
1 yd	91.438	0.9144	36	3	1	0.0006	3.0175	0.5029	0.0083	0.0002
1 mile	160930	1609.3	63360	5280	1,760	1	5310.8	885.12	14.752	0.4098
1 尺	30.303	0.303	11.93	0.9942	0.3314	0.0002	1	0.1667	0.0028	0.00008
1 間	181.818	1.818	71.582	5.965	1.9884	0.0011	6	1	0.0167	0.0005
1 町	10909	109.091	4294.9	357.91	119.304	0.0678	360	60	1	0.0278
1 里	329727	3927.27	154619	12885	4295	2.4403	12960	2160	36	1

무　　게(WEIGHT)

unit	g	kg	t	grain	Oz	Ib	돈	근	관
1 g	1	0.001	0.000001	15.432	0.03527	0.0022	0.26666	0.00166	0.000266
1 kg	1000	1	0.001	15432	35.273	2.20459	266.66t	1.6666	0.26666
1 t	1000000	1000	1	······	35273	2204.59	266666	1666.6	266.666
1 grain	0.06479	0.00006	······	1	0.00228	0.00014	0.01728	0.00108	0.000017
1 oz	28.3495	0.02835	0.000028	437.4	1	0.0625	7.56	0.0473	0.00756
1 Ib	453.592	0.45359	0.00045	7000	16	1	120.96	0.756	0.12096
1 돈	3.75	0.00375	0.000004	57.872	0.1323	0.00827	1	0.00625	0.001
1 근	600	0.6	0.0006	9259.556	21.1647	1.32279	160	1	0.16
1 관	3750	3.75	0.00375	57872	132.28	8.2672	1000	6.25	1

부　　피(VOLUMES)

unit	홉	되	말	㎤	㎥	ℓ	in³	ft³	yd³	gal(미)
1 홉	1	0.1	0.01	180.39	0.00018	0.18039	11.0041	0.0066	0.00023	0.04765
1 되	10	1	0.1	1.8039	0.00180	1803.9	110.041	0.0637	0.00234	0.47656
1 말	100	10	1	18039	0.01803	18.039	1100.41	0.63707	0.02359	4.76567
1 ㎤	0.00554	0.00055	0.00005	1	0.00001	0.001	0.06102	0.00003	0.00001	0.00026
1 ㎥	5543.52	554.325	55.4325	1000000	1	1000	61027	35.3165	1.30820	264.186
1 ℓ	5.54352	0.55435	0.05543	1000	0.001	1	61.027	0.03531	0.00130	0.26418
1 in³	0.09083	0.00908	0.0091	16.386	0.00061	0.01638	1	0.00057	0.00002	0.00432
1 ft³	156.966	15.6666	1.56966	28316.8	0.02931	28.3169	1728	1	0.03703	7.48051
1 yd³	4238.09	423.809	42.3809	764511	0.76451	764.511	46656	27	1	201.974
1 gal(미)	20.9833	2.0983	0.20983	3785.43	0.00378	3.78543	231	0.16368	0.00495	1

넓　　이(SURFACES)

unit	평방자	평	단　보	정　보	㎡	a	ft²	yd²	acre
1 평방자	1	0.02778	0.00009	0.000009	0.09182	0.00091	0.98841	0.10982	······
1 평	36	1	0.0033	0.00033	3.3058	0.03305	35.583	3.9537	0.00081
1 단　보	10800	300	1	0.1	991.74	9.9174	10674.9	1186.1	0.24506
1 정　보	108000	3000	10	1	9917.4	99.174	106794	11861	2.4506
1 ㎡	10.89	0.3025	0.001008	0.0001	1	0.01	10.764	1.1958	0.00024
1 a	1089	30.25	0.10083	0.01008	100	1	1076.4	119.58	0.02471
1 ft²	1.0117	0.0281	0.00009	0.000009	0.092903	0.000929	1	0.1111	0.000022
1 yd²	9.1055	0.25293	0.00084	0.00008	0.83613	0.00836	9	1	0.000207
1 acre	44071.2	1224.2	4.0806	0.40806	4046.8	40.468	43560	4840	1

압 력(PRESSURE)

바 (bar)	kg/㎠	lb/in²	기압 (atm)	수은주(Hg)		수주(H_2O)	
				m	in	m	ft
1	1.0197	14.50	0.9869	0.7501	29.53	10.197	33.48
0.9807	1	14.22	0.9678	0.7356	28.96	10.000	32.81
0.06895	0.07031	1	0.06805	0.05171	2.036	0.7031	2.307
1.0133	1.0332	14.70	1	0.760	29.92	10.33	33.90
1.3332	1.3595	19.34	1.3158	1	39.37	13.60	44.60
0.03386	0.03453	0.4912	0.03342	0.02540	1	0.3453	1.133
0.09806	0.10000	1.422	0.09678	0.07355	2.896	1.	3.281
0.02989	0.03048	0.4335	0.02950	0.02242	0.8827	0.3048	1

부표 15. 포화수증기표(온도기준)

온도 (℃)	압 력		비체적 (㎥/kg)	엔탈피(kcal/kg)		
	절대 (kg/㎠)	수은수 (㎜Hg)		액체	증기	잠열
0	0.006228	4.58	206.3	0.00	597.1	597.1
1	0.006697	4.93	192.5	1.01	597.6	596.6
2	0.007194	5.20	179.9	2.01	598.0	596.0
3	0.007724	5.68	168.1	3.02	598.5	595.4
4	0.008289	6.10	157.2	4.02	598.9	594.9
5	0.008891	6.54	147.1	5.03	599.3	594.3
6	0.009530	7.01	137.7	6.03	599.8	593.8
7	0.010210	7.51	129.0	7.03	600.2	593.2
8	0.010932	8.04	120.9	8.04	600.7	592.6
9	0.011699	8.61	113.4	9.04	601.1	592.1
10	0.012513	9.20	106.4	10.04	601.5	591.5
11	0.013376	9.84	99.87	11.04	602.0	590.6
12	0.014292	10.5	93.79	12.04	602.4	590.4
13	0.015263	11.2	88.13	13.04	602.9	589.8
14	0.016290	12.0	82.86	14.04	603.3	589.3
15	0.017378	12.8	77.94	15.04	603.8	588.7
16	0.018529	13.6	73.34	16.04	604.1	588.1
17	0.019747	14.5	69.06	17.04	604.6	587.5
18	0.021034	15.5	65.05	18.03	605.0	587.0
19	0.022395	16.5	61.31	19.03	605.5	586.4
20	0.023830	17.5	57.81	20.03	605.9	585.9
21	0.025347	18.6	54.53	21.03	606.3	585.3
22	0.026948	19.8	51.46	22.02	606.8	584.8
23	0.028637	21.1	48.59	23.02	607.2	584.2
24	0.030415	22.4	45.90	24.02	607.6	583.6
25	0.032291	23.8	43.37	25.02	608.1	683.1

온도(℃)	압 력		비체적 (m³/kg)	엔탈피(Kcal/kg)		
	절 대 (kg/cm²)	수은주 (mmHg)		액체	증기	잠열
26	0.034266	25.2	41.01	26.01	608.5	582.5
27	0.036347	26.7	38.79	27.01	608.9	581.9
28	0.038536	28.3	36.70	28.01	609.4	581.4
29	0.040838	30.0	34.75	29.01	609.8	580.8
30	0.043261	31.8	32.91	30.00	610.2	580.2
32	0.048482	35.7	29.55	32.01	611.1	579.1
34	0.054240	39.9	26.58	33.99	611.9	578.0
36	0.060585	44.6	23.96	35.99	612.8	576.8
38	0.067561	49.7	21.61	37.98	613.7	575.7
40	0.075220	55.3	19.53	39.98	614.5	574.5
42	0.083620	61.5	17.68	41.97	615.4	573.4
44	0.092813	68.3	16.02	43.97	616.2	572.2
46	0.10287	75.7	14.55	45.96	617.1	571.1
48	0.11384	83.7	13.22	47.95	617.9	570.0
50	0.12581	92.5	12.04	49.95	618.8	568.8
55	0.16054	118.1	9.572	54.94	620.8	565.9
60	0.20316	149.4	7.673	59.94	622.9	563.0
65	0.25506	187.6	6.198	64.93	625.0	560.0
70	0.31780	233.8	5.043	69.93	627.0	557.1
75	0.39313	289.2	4.132	74.94	629.1	554.1
80	0.48297	355.3	3.407	79.95	631.1	551.1
85	0.58947	433.6	2.828	84.96	633.0	548.1
90	0.71493	525.9	2.361	89.98	635.0	545.0
95	0.86193	634.0	1.982	95.00	636.9	541.9
100	1.03323	760.0	1.673	100.04	638.8	538.8
105	1.2318		1.419	105.07	640.7	535.6
110	1.4609		1.210	110.12	642.5	532.4
115	1.7239		1.036	115.18	644.4	529.2
120	2.0245		0.8916	120.25	646.1	525.9
125	2.3666		0.7704	125.33	647.9	522.5
130	2.7544		0.6681	130.42	649.5	519.1

참고문헌

1. 김현구 외: 저장상대습도 및 온도에 따른 분말 고추의 흡습특성, 한국식품과학회지, 16(1), 1984
2. 박상현: 現代實驗統計法, 대영사 (1987)
3. 박성현: 統計的 品質管理, 대영사 (1985)
4. 변유량: 식품공학, 탑출판사 (1982)
5. 石原勝吉: TQC推進메뉴얼, 한국공업표준협회
6. 송서일: 現代品質管理, 학문사 (1979)
7. 신효선 외: 상대습도와 저장온도에 따른 건조마늘 플레이크의 갈변 및 흡습특성, 한국식품과학회지, 19(2), 1987
8. 신효선 외: 최신식품화학, 신광출판사 (1982)
9. 이철호 외: 식품공업품질관리론, 유림문화사 (1982)
10. 이상규: 식품별 shelf-life 예측사례, 한국식품과학회지, 20(4), 1987
11. 日本規格協會: 品質管理便覽 (1974)
12. 日本規格協會: 新版品質管理便覽 (1983)
13. 日本食品工業學會: 食品分析法, (株)光琳 (1982)
14. 조길석 외: 건멸치의 저장안정성에 미치는 온도 및 습도의 영향, 한국식품과학회지, 19(3), 1987
15. 한국공업표준협회: TQC와 部·課長의 役割, 한국공업표준협회 (1986)
16. 한국공업표준협회: 품질관리개론, 한국공업표준협회 (1984)
17. 한국식품과학회: 식품공학, 형설출판사 (1984)
18. 韓國食糧農業協會: 國際食品規格 (1978)
19. 황의철: 最新品質管理, 박영사 (1979)
20. 황의철: 現代實驗統計法, 대영사 (1980)
21. Caplen, R.: A practical approach to quality control, Business Books LTD., England. 1969
22. J. G. Brenann: Food engineering operations, Elseveier Publishing Company Ltd. (1969)
23. Joel, L. Sidel: Sensory evaluation practices, Academic Press. (1985)
24. Kramer, A.: Definition of texture and its measurement in vegetable products, Food technology, 13(4) 46, 1964
25. Kramer, A. and Szczesniak, A.: Texture measurements of foods, D. Reidel Publishing Co., Boston, USA, 1973
26. Kramer, A. and Twigg, B.A.: Quality control for the food in dustry, Vol. 1.,

AVI., Westport, Connecticut. 1970

27. Norman, W. Desrosier: The technology of food preservation, The AVI Publishing Company, Inc. (1970)
28. Owen, R. Fernema: Principles of food science Part Ⅱ, 'Physical Priciples of Food Preservation'
29. S. M. Herschdoerfer: Quality control in the food industry, Academic Press. (1967)
30. Stanley, E. Charm: The fundumentals of food engineering, The AVI Publishing Company, Inc. (1971)
31. Theodore, P. Labuza: Shelf-life dating of foods, Food and Nutrition Press, Inc. (1982)
32. Wilbur, A. Gould: Food quality assurance, 'The AVI Publishing Company'

현장맞춤형 식품산업 품질관리

초판 발행 2015년 2월 24일
저　자 김수민
펴낸이 변창훈
펴낸곳 대구한의대학교 출판부
주　소 712-715 경북 경산시 한의대로 1
전　화 053-819-1577,1578
등　록 1987년 11월 21일
ISBN 978-89-94999-42-5

정가 · 12,000원

이 책 발간에 도움을 주신
HAPPY AGING 특성화사업단 지원에 감사드립니다.